KnitWit

Great Britain 영국

스티치 페스티벌 in 런던

TOFT의 플라워 캐릭터 인형.

3월 23일~26일까지 런던의 엔젤이라는 마을에 있는 비즈니스디자인센터에서 스티치 페스티벌이 열렸습니다. 드레스 메이킹이나 소잉이 메인인 크래프트 전시회지만 스웨덴 자수, 일본의 사시코, 마크라메, 털실 메이커 전시도 만날 수 있었습니다. 사전 신청이 필요한 워크숍이 열리기도 하고, 곳곳에 사람들이 북적였습니다. 코로나19 영향으로 부스 사이의 간격이 넓어 느긋하게 전시장을 둘러볼 수 있었습니다. 털실 메이커 중 올해는 손염색실(Hand dyed yarn) 부스가 눈에 띄었습니다. 중세사와 레이스, 나일론 25%·울 75% 혼방의 양말용 털실, 합태사를 주로 판매하고 있었습니다. 이야기를 들어보니 공방을 운영하는 숍도 있고, 자택의 주방에서 염색한다는 숍도 있었습니다. 어느 부스든 한 번에 염색할 수 있는 양이 정해져 있어 대량 생산은 불가능하답니다.

이탈리아에서 출점한 털실 메이커 부스에서는 디자이너인 케이트가 모헤어 실 2겹으로 뜨는 코바늘뜨기 숄을 소개했습니다. 모헤어 실 2겹으로 뜬 코바늘뜨기는 풍성

전시장 풍경. 코로나19 전보다 부스 사이가 널찍하다.

하고 포근포근해서 볼륨 만점이지요. 알파카는 페루산이라는 이미지가 강하지만, 영국 남서부 데본주에서도 알파카를 사육합니다. 이 영국산 알파카를 세련된 색상으로 염색해 판매하는 곳이 UK알파카입니다. 알파카 실 뜨개 인형으로 유명한 TOFT도 참가했습니다. UK알파카와 TOFT 모두 데본의 알파카를 사용합니다. TOFT는 동물과 다양한 꽃 디자인을 선보

였습니다. 오너인 케리가 직접 디자인을 하는데, 코바늘뜨기를 매우 좋아하고 디자인 구상이 재미있어서 어쩔 수가 없답니다. 코바늘뜨기가 서툰 저는 그래니 스퀘어 무늬로 유명한 케이티 존스의 워크숍에 참가했습니다. 워크숍에서 배운 실 잡는 방법이 저와는 잘 맞았는지 느슨해지기 일쑤였던 뜨개바탕이 이번에는 예쁘게 떠졌습니다. 전시장에는 손뜨개 이야기를 나눌 수 있

는 라운지 공간도 있었습니다. 3월 23일과 24일은 크로셰터인 제니의 작품을, 25일과 26일은 이탈리아 크로셰터인 케이트의 작품을 전시했습니다. 양재 중심의 전시회지만 손뜨개하는 사람도 충분히 즐길 수 있는 이벤트였습니다.

취재/요코야마 마사미
www.eurojapantrading.com
www.thestitchfestival.co.uk

왼쪽/TOFT의 전시 부스.
중앙/자신의 작품 앞에서 포즈를 취하는 케이티 존스(Katie Jones).
오른쪽/이탈리아의 크로셰 디자이너 케이트.

스티치 페스티벌 전시장.

Türkiye 튀르키예
핸드메이드로 재난 피해자를 지원하다

지난 2월 6일에 발생했던, 튀르키예 남동부 카흐라만마라쉬가 진원지인 튀르키예·시리아 지진. 튀르키예의 지진 피해는 11개 주에 이르고, 해당 지역에는 약 1,350만 명이 거주하고 있다고 합니다. 이는 튀르키예 전 인구의 16%에 해당합니다. 재난 직후 세계 각지에서 구조 부대를 급히 파견하고, 모금이나 물품 지원 등 생명을 구하기 위한 노력이 따랐습니다.

그런 와중에 수공예에 종사하는 튀르키예 각지의 여성들도 곧바로 지원 행동에 나섰습니다.

흑해 지방의 리제주 헴신은 프루루라는 배색무늬뜨기로 만드는 꽃 모티프의 헴신 양말이 유명합니다. 이 지역의 여성들은 추운 겨울에 대비해 양말을 많이 뜹니다. 재난 피해지가 밤에는 기온이 영하로 떨어진다는 소식을 듣고, 피난민을 위해 시민 강사가 중심이 되어 각자 집에 있는 양말들을 100켤레 모으고, 350켤레는 분담해서 뜬 다음 보내주었다고 합니다.

북서부 부르사주는 1999년에 마르마라 대지진으로 피해를 입은 지역이기도 해서 재난 지역에 대한 마음이 각별했습니다. 부르

위／리제주 헴신의 여성들.
아래／전통 헴신 양말은 튼튼하고 따뜻하다.

사 시내에서 핸드메이드 아틀리에를 여는 여성연대협회는 아기나 어린이용 블랭킷이며 머플러, 털모자 등을 모았습니다. '실은 우리로부터, 손뜨개는 여러분'이라는 캠페인을 벌여, 스폰서로부터 재료를 제공받은 여성들이 똘똘 뭉쳐 블랭킷 150점, 머플러와 털모자 350점을 만들어 전달했습니다.

피난민 어린이들이 슬퍼하지 않기를 바라는 마음을 담아 스마일 뜨개 인형 쿠션과 인형을 나눠 주었고요. 핸드메이드 제품을 각지의 여성 그룹으로부터 전달받았습니다. 수입이 없고 경제 지원이 불가능한 여성들이지만 손으로 직접 만든 것을 재난 피해자에게 보내줄 수 있어 자랑스럽고 기뻤다고 합니다.

많은 시민이 브루사의 여성연대협회 지원 활동에 참여했다.

마침 지중해 연안에 있는 튀르키예의 도시, 안탈리아 지방의 도세메알티 양탄자를 테마로 한 영화 〈양탄자가 나는 과수원, 튀르키예 어느 마을의 수공예〉가 일본에서 상영되고 있습니다. 이후의 상영 스케줄은 영상을 제공한 우치다 하나에 감독의 인스타그램(nuno_stories)에서 확인해보세요.

취재／노나카 이쿠미
www.mihri.org

Japan 일본
전통을 잇는, 도미오카 실크 손뜨개 니트 전시회

유네스코 세계유산으로 등재된 도미오카(www.tomiko-silk.jp) 제사장(製絲場)에서 2월 8일~21일 '제2회 도미오카 실크 손뜨개 니트 전시회'를 개최했습니다. 도미오카 실크의 수예용 견사는 도미오카시의 양잠 농가가 생산한 누에고치에서 실을 뽑고 군마현에 전해 내려오는 조슈 물레를 이용해 손으로 실을 감아 생산하므로 공기를 품은 부드러운 실이 됩니다. 도미오카 실크로 만든 손뜨개 작품을 일반인 대상으로 공모한 이번 전시회에서 독창성 넘치는

작품 66점을 만나볼 수 있었습니다.

예부터 누에고치를 저장하던 장소이자 현재는 국보로 지정된 니시오키마유조 다목적홀에 작품을 전시했습니다. 2022년에 이어 2월 11일에는 니트 디자이너 히로세 미쓰하루의 토크 쇼도 진행했는데, 참가자들이 히로세로부터 각각의 작품에 대한 평을 듣기도 했습니다.

이번에는 스톨·숄 부문, 패션 부문, 뜨개 인형 부문, 패션 소품·잡화 부문으로 나눠 입장객이 투표하는 방식으로 수상 작품을

선정했고, 히로세 미쓰하루 특별상도 제정했습니다. 개최 기간 중 3,500명이 넘는 입장객이 방문했습니다. 응모 작품은 대바늘뜨기, 코바늘뜨기, 마크라메, 태팅레이스 등 뜨개 테크닉이 다양했고 견사를 초목 염색 등으로 염색해 제작한 작품도 있었습니다. 제3회도 개최 예정이라고 합니다. 이제는 희귀한 것이 되어버린 일본의 섬유를 이번 전시를 통해 미래 세대로 이어갈 수 있으면 좋겠습니다.

취재／케이토다마 편집부

위／국보로 지정된 전시회장.
아래／히로세 미쓰하루 특별상을 받은 스톨 (스즈키 도시코).

왼쪽부터／스톨·숄 부문 수상작 '은방울꽃 숄'(아베 도모토), 패션 부문 수상작 '마이 퍼스트 그랜드 차일드'(마치다 마이코), 패션 소품·잡화 부문 수상작 '핑거리스 글러브'(노나), 뜨개 인형 부문 수상작 'Are you ready?'(오가와 다이스케)

털실타래
keitodama 2023 vol.4 [여름호]
Contents

World News … 4

Simple Style
심플한
여름 스타일

… 8

Simple St

심플한 여름 스타일

무더운 여름도 쾌적하게 해주는 산뜻하고 시원한 니트들.
심플하게 떠서 가볍게 입을 수 있는, 저절로 기분이 좋아지는 멋진 니트를 떠보아요.
평상복은 물론 한여름의 리조트룩으로는 어떤 게 좋을까요?

photograph Shigeki Nakashima styling Kuniko Okabe ,Yuumi Sano hair&make-up Hitoshi Sakaguchi model Nami(176cm)

아일릿 홀이 리드미컬하게 줄지어 있는 풀오버는 드라이 터치 가공된 헴프 얀(Hemp yarn)으로 떴습니다. 톱다운으로 요크를 뜨고, 자연스럽게 프렌치 소매로 이어집니다. 잇거나 꿰매지 않고 완성할 수 있어서 좋아요.

Design／가제코보
How to make／P.104
Yarn／퍼피 생파두스
Glasses／글로브 스펙스 에이전트

청량감 있는 뜨개바탕은 리네 100% 실 덕분
입니다. 전체에 배치한 작은 비침무늬와 밑단부
터 올라오는 다이아몬드무늬의 대비가 아름답
습니다. 쓰기 편한 버킷 햇은 비침무늬 사이로
브레이드를 통과시켜 자유롭게 변형할 수 있습
니다. 때로는 브레이드를 빼거나 시판 리넨으로
분위기를 바꿔도 좋겠지요.

Design／오타 신코
Knitter／스토 데루요
How to make／P.105·106
Yarn／퍼피 리넨 100, 리피

맨살에 닿는 느낌이 좋은, 코튼 실크로 뜬 베스트는 하나만 입어서 탱크 톱처럼 즐길 수도 있습니다. 비침무늬를 세로로 배치해 깔끔한 스트라이프무늬가 되었습니다. 작은 키홀 네크라인이 고급스러운 포인트랍니다.

Design／오카 마리코
Knitter／우치우미 리에
How to make／P.116
Yarn／고쇼산업 피에로 얀 Carta(카르타) '편지'

뜨기 쉬워 자꾸만 뜨게 되는 모티프는 약간
시크한 느낌으로 디자인했습니다. 투명감
있는 직선 실루엣의 풀오버는 레이어드 룩
으로 즐기기에 최고지요. 심플한 스커트나
팬츠는 물론이고 원피스 위에도 어울리며,
워터 파크에서도 활약하는 어른스러운 포인
트 웨어입니다.

Design／오쿠즈미 레이코
How to make／P108
Yarn／고소산업 피에로 얀 프로방스 시리즈
Pont du Gard(퐁뒤가르)

Glasses／글로브 스펙스 에이전트

13

뒤판 밑단부터 뜨기 시작해 앞판 앞단까지
한번에 이어서 뜨는 유니크한 방식의 볼레
로 카디건입니다. 얼핏 복잡해 보이지만 실
제로 떠보면 쉽게 이해가 된답니다. 잇거나
꿰매는 부분이 거의 없다는 점도 반갑습니
다. 피부에 닿는 감촉이 좋은 실크를 캐주얼
하게 즐겨보세요.

Design／시바타 준
How to make／P.110
Yarn／데오리야 T 실크

14

가로뜨기의 앞뒤 몸판은 돌려뜨기 늘림코
로 어깨 경사를 만들고, 2장을 중앙과 옆구
리 부분에서 꿰매어 여유로운 느낌의 풀오
버로 완성했습니다. 가는 리넨 실 3겹의 조
합으로 색상의 변화를 즐길 수 있답니다. 팔
뚝을 드러내는 건 싫지만 더운 것도 싫다는
사람들을 만족시켜줄, 바람이 잘 통하는 시
스루 웨어입니다.

Design／yohnKa
How to make／P.112
Yarn／데오리야 하드 리넨 A

느슨하게 꼰 슬라브 실을 그러데이션 염색
한 코튼 리넨 실로 오묘한 느낌의 풀오버를
떠보았습니다. 비침무늬 사이로 작은 다이
아몬드 모양이 나타나는 무늬뜨기가 멋집니
다. 소매가 있는 니트도 래글런 소매라면 편
하게 입을 수 있어요. 캐주얼한 디자인이지
만 소재감이 좋아 세련된 패션과도 잘 어울
립니다.

Design／YOSHIKO HYODO
Knitter／야베 구미코
How to make／P.114
Yarn／데오리야 코튼 리넨 KS

더운 날씨와 냉방이 잘되는 실내. 서머 카디
건은 체온 조절에 빼놓을 수 없는 아이템이
지요. 실크 실과 리넨 실을 혼합해 무심한
듯 세련된 뉘앙스를 더했습니다. 심플한 비
침무늬라서 리드미컬하게 뜰 수 있답니다.
소매는 직선으로 디자인해 바람이 시원스
레 통과합니다.

Design／가와이 마유미
Knitter／오키타 기미코
How to make／P.117
Yarn／데오리야 하드 리넨 A, T 실크

심플한 스퀘어 모티프 연결에 메탈사가 섞인 그러데이션 실로 멋을 더했습니다. 배색하지 않아도 색깔의 변화를 즐길 수 있어요. 변형 모티프 없이 목둘레와 소매를 만들어 손쉽게 완성할 수 있다는 점도 굿!

Design／기시 무쓰코
How to make／P.118
Yarn／다이아몬드케이토 다이아 탱고

18

크로셰터에게 꼭 추천하고 싶은 재밌는 무늬
뜨기랍니다. '구슬뜨기를 이렇게도 활용하나
요!'라며 놀라게 될 거예요. 낙낙한 실루엣의
풀오버는 겹쳐입기에 제격입니다. 다양한 코
디를 즐겨보세요.

Design／오카모토 마키코
How to make／P.122
Yarn／다이아몬드케이토 다이아 코스타 소르베

19

여름에 입기 좋은 파도 가디건이 궁금하시다면

네이버에서 **송송뜨개**를 검색해주세요 !

노구치 히카루의 다닝을 이용한 리페어 메이크

'리페어 메이크'라는 말에는 수선하지만, 그 작업을 통해 그 물건이 발전하고 진보한다는 생각을 담았습니다.

노구치 히카루(野口光)
'hikaru noguchi'라는 브랜드를 운영하는 니트 디자이너. 유럽의 전통적인 의류 수선법 '다닝(Darning)'에 푹 빠져 다닝을 지도하고 오리지널 다닝 기법을 연구하는 등 다양하게 활동하고 있다. 심혈을 기울여 오리지널 다닝 머시룸(다닝용 도구)까지 만들었다. 저서로는 《노구치 히카루의 다닝으로 리페어 메이크》, 제2탄 《수선하는 책》 등이 있다.
http://darning.net

【이번 타이틀】
빛바랜 서머 니트에 장난기를 더했다

before

세탁이 잦아서
허름해졌어요…

Pants／하라주쿠 시카고 하라주쿠점
Scarf／SLOW 오모테산도점
Bangle／산타모니카 하라주쿠점

photograph Hironori Handa styling Masayo Akutsu
hair&make-up Yuri Arai model Jane

이번에는 '다닝 디스크'를 사용했습니다.

요즘의 성인용 여름옷은 일부러 주름을 넣거나 색깔을 날리는 워싱 처리를 하는 등 무심한 듯한 편안함과 여유로운 스타일이 많습니다. 집에서 손쉽게 빨 수 있지만, 서머 니트는 세탁과 건조를 반복하면 짙은 색이 점점 바래 후줄근해 보이므로 주의해야 합니다.

이번에 수선한 100% 코튼 서머 니트는 2000년 런던에서 살던 시기에 산 옷입니다. 감촉이 매끄러워 즐겨 입었는데 이제는 색이 바래 허름함이 눈에 띄더라고요. 그 질감이 마치 마른 종이처럼 보여 다루마(DARUMA)의 '플라코드(Placord)'라는 플라스틱 실의 꼬임을 풀어 한 가닥으로 낙서하듯이 수선했습니다. 열에 녹는 실의 성질을 살려서 꿰맨 뒤 쿠킹 시트를 대고 다리미로 살짝 다려주었어요. 실이 단단해서 바늘땀이 고르지 않아 우연히 생긴 선과 모양을 즐기며 열로 고정해 마무리했습니다. 다시 태어난 니트를 다시 오래오래 입고 싶네요.

michiyo의 4사이즈 니팅

이번에 소개할 니트는 심플하면서도 개성적인 풀오버입니다.
움직일 때마다 변하는 드레이프가 세련된 인상을 줍니다.

photograph Shigeki Nakashima styling Kuniko Okabe,Yuumi Sano hair&make-up Daisuke Yamada model Emma Koyama(173cm)

굵은 실로 숭덩숭덩 뜨는
풀오버

이번에는 여름옷으로는 드문, 굵은 실로 숭덩숭덩
뜨는 풀오버를 소개합니다. 몸판 본체는 다소 성긴
게이지로 뜨고, 넓은 진동에 뚜렷한 아란무늬를 더
해 개성적인 디자인으로 제작했습니다. 입었을 때
아란무늬 부분이 꼿꼿하게 선 실루엣이 매력적이
라서 마음에 쏙 듭니다.

뜰 때 주의할 점은 요크의 뜨개 시작 위치에 신경
써야 한다는 것. 지정 위치에서 뜨면, 앞뒤에 차이
를 둔 뒤에도 목둘레의 뜨개 끝 위치까지 실을 자
르지 않고 뜰 수 있습니다. 여름 실은 잘 늘어지므
로, 이 디자인은 뜨개바탕을 탄탄히 잡아줄 수 있
게 잇기와 꿰매기를 해서 마무리했습니다.

단품으로 착용해도 좋지만 베스트로도 입을 수 있
으므로 레이어드 코디로도 꼭 즐겨보세요.

리넨에 컬러풀한 실크 넵(Silk nep)이 들어간, 표정이 풍부한 실을 사용했습니다. 여름에 제격인 매끄러운 실이라서 심플한 메리야스뜨기도 지루함 없이 뜰 수 있습니다. 형태가 신기하지만 입으면 움직임이 나타나므로 입는 것이 즐거운 니트입니다. 슬리브리스 풀오버 또는 베스트로 바지와 스커트에 매치하거나 원피스 위에 입는 등 다양한 코디로 즐겨주세요.

Knitter／이지마 유코
How to make／P.126
Yarn／리치모어 바르셀로나

목둘레

목둘레가 안정되게끔 마지막에 줄이기를 합니다. 4사이즈의 콧수를 바꿔서 조절하는데, 빡빡하게 덮어씌우지 않도록 주의하세요.

소맷부리

아란무늬 장식은 길이만 조절하고 폭은 같습니다.

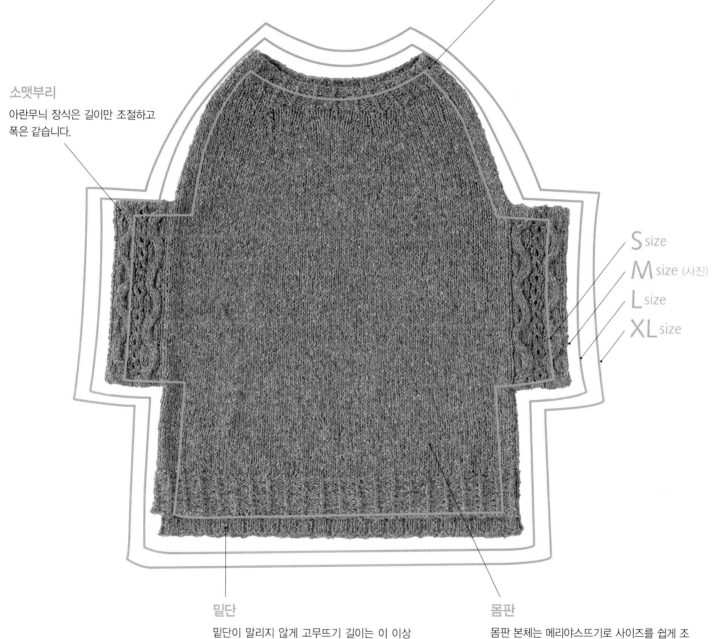

S size
M size (사진)
L size
XL size

밑단

밑단이 말리지 않게 고무뜨기 길이는 이 이상 길게 하지 않으며 4사이즈 모두 같습니다.

몸판

몸판 본체는 메리야스뜨기로 사이즈를 쉽게 조절할 수 있으므로 겨드랑이 아래쪽과 진동에서 세세하게 차이를 뒀습니다. 진동 위치가 낮은 디자인이므로 사이즈가 클수록 품에 여유를 주어 팔의 가동 범위를 넓힙니다.

michiyo

어패럴 메이커에서 니트 기획 업무를 하다가 현재는 니트 작가로 활동하고 있다. 아기 옷부터 성인 옷까지, 여러 권의 저서가 있다. 현재는 온라인 숍(Andemee)을 중심으로 디자인을 발표하고 있다.

Instagram：michiyo_amimono

※무늬를 기준으로 한 사이즈이므로 치수 차이는 균등하지 않습니다.

니트로 세상을 따뜻하게
다누마 에이지

벌키하고 발랄한
'아노네'로 뜬 니트
모자.

photograph Bunsaku Nakagawa text Hiroko Tagaya

니팅버드가
기획·개발한 털실들.

스테디셀러인 실크
모헤어 실 '이쓰모'
로 뜬 '명상 머플러'.

에코 실크 실 '기마마'로 뜬 양말.

실의 특징을 최대한 살린
작품도 제안한다.

다누마 에이지(田沼英治)
니트 전문 웹매거진 〈니팅버드〉에서 일하고 있다.
20세에 영국으로 건너가 니트 디자이너 클레어 터
프(Clare Tough)로부터 가르침을 받았고 런던칼
리지오브패션, 도쿄니트패션아카데미 등에서도
배웠다. 니트 디자이너이자 손뜨개 강사이기도 하
다. NHK 〈멋지게 핸드메이드〉에 출연했으며, 교
토세이카대학 퍼퓰러컬처학부 패션코스 비상근
강사로 오사카를 중심으로 활동하고 있다.
https://knittingbird.com(Knittingbird)

이번 게스트는 폭넓은 활동을 펼치고 있는 니팅버드의 다누마 에이지입니다. 고향은 군마현 오타시. "니트와 섬유 공장이 많은 지역에서 자랐는데, 공장이 쇠퇴하는 모습을 보면서 뭔가 할 수 있는 일이 있지 않을까 고민했어요. 니트 전문 웹매거진을 창간해서 니트 공장의 현황을 전한 일이 니팅버드의 첫 활동이었죠." 그 생각이 지금도 활동의 바탕에 자리 잡고 있습니다.

런던에서 패션 전반을 배운 덕분에 공장에 의뢰하는 어패럴 측과 의뢰를 받는 공장 양쪽의 입장을 알고 있어 보이는 문제점이 있습니다. "디자이너로 활동한 시기도 있었지만, 그 이상으로 일본의 현실을 어떻게든 바꾸고 싶었어요. 뜨개를 업으로 삼는 사람을 늘려서 문화로 만들고 싶거든요."

이미 뜨개가 하나의 문화로서 사회에 뿌리내린 런던에 있었던 덕분에 일본의 문제가 보였던 겁니다. "일본은 손뜨개로 유명한 사람은 있지만, 공업 니트를 전문으로 하는 사람은 어패럴 업계에도 적어요. 복식학교에 뜨개과가 적거든요. 급여 부분을 개선해야 하지 않나 싶어요. 니트 공장이 봄여름에 비수기인 것도 문제고요. 아이들이 직업을 생각할 때 뜨개를 선택지로 꼽을 수 있는 사회가 되도록 지금 할 수 있는 일을 하려고 해요."

공장에는 그밖에도 알려지지 않은 문제가 여럿 있습니다. "니트 공장에서 유상 폐기하는 연간 수 톤의 실을 사들여 합사한 다음 '이치고이치에(세상에 단 하나뿐인) 실'을 만들어 판매하고 있어요." 실 기획과 개발은 니팅버드의 핵심

사업. 애초에 실 한 가닥에서 텍스타일, 패턴(성형), 옷 디자인 등이 모두 만들어진다는 점이 그가 뜨개에 끌린 이유라고 합니다.

"실이라고 하면 흔히 핸드메이드의 따뜻함을 떠올리기 쉽지만, 지금은 유명 브랜드가 공업 니트 기계로 스니커즈를 만들기도 해요. 떴을 때는 부드럽지만 마지막에 스팀을 가하면 단단해지는 열융착 실을 사용하는데, 의료용 실도 그렇고 실 분야에서의 화학적 진화는 눈부셔요."

손뜨개와 공업 니트의 다양한 기법을 망라하고 있기 때문에 가능한 활동도 있습니다. "요즘 들어 옛날식 수편기를 구매하려는 사람이 꽤 많은데, 쓰지 않고 벽장에만 보관해둔 사람도 제법 있거든요. 그런 사람들을 연결해주는 중고 판매를 2021년부터 시작했어요. 수편기를 익히면 뜨개를 업으로 할 수 있으니까요."

최근에 그가 절실히 느끼는 점이 있습니다. "뜨개에는 소중한 마음이 담깁니다. 예전에 남편이 세상을 떠나기 전에 입었던 니트를 자기 사이즈로 수선하고 싶어한 부인이 있었죠. 소중한 니트를 차마 자를 수 없어 공업용 기계로 니트의 실을 전부 푼 다음 수편기로 다시 떴죠." 수고나 대가를 떠나, 누군가의 인생의 추억이 가득한 니트를 만났다는 사실이 기뻤다고 합니다.

그는 뜨개를 통해 사회가 풍요로워졌으면 좋겠다고 합니다. 그의 활동은 니트와 관련된 여러 기관의 입장과 기법을 이해하고 있기에 가능한 일입니다. 앞으로도 그의 세심하고 사려 깊은 활동을 주목해 봐야겠습니다.

1／3가닥 이상의 공업용 털실을 합쳐서 새로 만든 '이치고이치에 실'. 2／본인 것은 뜨지 않고 가족 등 다른 사람을 위해 뜬다고 한다. 3／에코 실크 실 '기마마'와 신축성 있는 고무실 '스루토'를 합쳐 떠서 신기 좋은 양말. 4／소품 제작에 제격인 알레르기 프리(Allergy Free)의 금속 같은 메탈사 '아타카모'. 5／각양각색의 소재를 개발하고 있다. 주목받는 최고급 실크 모헤어 실 '이쓰모'로 뜬 머플러. 6／실의 특징을 최대한 살린 작품을 제안하려고 노력한다. 7／가볍고 뜨기 쉽고, 단독으로 떠도 될 만큼 탄탄한 코튼 극태모사 '앗파리'. 8／취재진에게 보여준 여러 소재. 9／슬리버(띠 모양의 섬유 집합체)를 가공한 암 니팅(Arm knitting)에도 쓰이는 '와쿠와쿠' 털실.

2		1
5	4	3
		6
9	8	7

멋스럽게 즐기는 크로셰 레이스

뜨개바늘 하나로 만들어지는 산뜻하고 다채로운 레이스 무늬 니트.
코바늘뜨기 특유의 빛과 그림자가 빚어내는
음영 대비를 감상해보세요.

photograph Hironori Handa   styling Masayo Akutsu
hair&make-up Yuri Arai   model Jane(173cm)

기초코에서 떠 내려간 스캘럽 무늬가 화사하
게 하늘거리는 풀오버. 옷깃에도 같은 무늬를
넣어 탈부착 칼라 같은 깜찍한 포인트를 줬어
요. 캐주얼한 일상복에 툭 걸치기만 해도 평소
와 다른 분위기를 낼 수 있답니다.

Design／가제코보
How to make／P.129
Yarn／올림포스 에미 그란데

Skirt／하라주쿠 시카고 하라주쿠점
Bangle／SLOW 오모테산도점

친숙한 그래니 모티프를 연결한 반소매 카디
건. 한 가지 색으로 떠서 심플한 뜨개바탕의
리듬이 기분 좋은, 성인에게 어울리는 시크한
옷으로 완성했습니다. 연속 모티프로 뜨므로
최소한의 실 정리만 하면 됩니다.

Design／이토 나오타카
How to make／P.132
Yarn／올림포스 에미 그란데

Pants／하라주쿠 시카고(하라주쿠/진구마에점)
Necklace／하라주쿠 시카고(하라주쿠/진구마에점)
Hat／스타일리스트 소장품

27

광택이 있는 2색 줄무늬로 쭉 진행하다가 목둘레에서 좌우로 나눠 뜬 슬리브리스 풀오버. 사다리형 리본을 나열한 듯한 재미있는 무늬는 2코 모눈뜨기를 가로뜨기했습니다. 악센트 컬러로 뜬 탈부착 칼라와의 조합을 즐겨보세요.

Design／가와이 마유미
Knitter／마쓰모토 요시코
How to make／P.142
Yarn／올림포스 에미 그란데

Pants·Bangle／산타모니카 하라주쿠점
Glasses／SLOW 오모테산도점

여름 시즌 가장 추천하는 레이스 느낌의 롱 원
피스! 잔꽃 같은 바탕 무늬와 꽃 모티프의 조
합이 여름 햇살에 돋보여 시크한 아름다움을
드러냅니다. 그대로 입어도 멋지고 롱 베스트
로 연출해도 근사합니다.

Design／오카모토 게이코
Knitter／미야자키 미쓰코
How to make／P.138
Yarn／올림포스 에미 그란데

Pants／하라주쿠 시카고 하라주쿠점
Scarf／하라주쿠 시카고(하라주쿠/진구마에점)
Necklace／하라주쿠 시카고(하라주쿠/진구마에점)
Bangle／산타모니카 하라주쿠점

29

손뜨개에 디자이너의 감각을 더한 핸드메이드 소품 브랜드

비욘드 더 리프

소비자들에게 가장 사랑받은 가방과 소품을 직접 만들어보세요

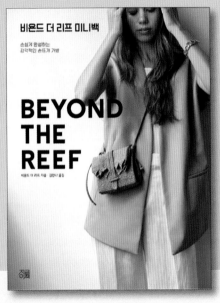

비욘드 더 리프 스타일 | 96쪽 | 15,000원

비욘드 더 리프 스타일 손뜨개 가방 | 104쪽 | 15,800원

비욘드 더 리프 미니백 | 96쪽 | 15,800원

시즌별 베스트셀러 아이템을 모은 도안집

비욘드 더 리프 시리즈

유니크하면서도 실용적인 디자인이 가득합니다

열매달 이틀
· knitting studio ·

언제나 나를 위한, 열매달 이틀 첫번째 공간
서울시 마포구 대흥로 175, 신촌그랑자이상가 4동 106호

인스타그램

카카오채널

홈페이지

조각 같은 입체감과 레이스 같은 비침무늬가 아름다운 흰색 실 자수를 저는 1993년에 유학했던 덴마크 스칼스수공예학교에서 만났습니다. 샘 플러를 제작하는 과정에서 그것이 18세기 후반부터 19세기 중반에 걸 쳐 농가 여성들이 수놓았던 히데보 자수임을 알게 되었지요. 유학 중에 코펜하겐 근처의 그레베박물관(Greve Museum)에서 열린 히데보 자 수전에 가보기도 했습니다. 200년도 더 전에 만들어진 수많은 작품을 실제로 보고 역사적 배경을 알게 되니, 그 독특하고 아름다운 하얀 세 계에 더욱 빠져들게 되었습니다.

히데보 자수가 태어난 배경

히데보 자수(Hedebosyning)는 Hede(평탄하고 숲이 없는 땅), Bo(주 민), Syning(자수)의 세 단어로 이뤄져 있습니다. 덴마크의 수도 코펜하 겐을 포함한 세 도시를 묶은 삼각 지역을 헤덴(Heden)이라고 불렀는 데, 그 지역에 사는 사람들에게서 태어난 여러 흰색 실 자수를 총칭한 이름입니다. 이후 지역을 대표하는 문화로 국내외에 소개되면서 어느샌 가 -syning을 생략한 히데보가 흰색 실 자수를 가리키게 되었습니다. 헤덴은 토양이 비옥해서 질 좋고 풍부한 농작물을 수도에 공급할 수 있

덴마크 스칼스수공예학교. 자수 외에도 직조, 양재 등의 다양한 수공예 기술을 배울 수 있다.

었고 부역 등의 부담이 적어 다른 지역의 농민보다 생활이 유복했습니다. 경제적 여유가 있어 리넨의 원료가 되는 아마를 재배해 그 줄기의 섬유에서 실을 뽑고 천 을 짜서 자수를 놓는 일련의 작업에 시간을 들일 수 있었습니다. 몇몇 공정에 꽤 품이 들어 지역의 여러 농가가 협력했고, 아이들도 일을 도와 온 가족이 작업하기도 했습니다. 아이들은 아마밭을 지날 때면 반드시 멈춰서 인사를 하라고 배웠다고 합니다. 그러면 평생 옷이 궁할 일이 없다는 말이 전해져왔기 때문이라네요.

세계 수예 기행 덴마크
전통 흰색 실 자수

Hedebo 히데보

취재·글·사진/사토 치히로 촬영/와타나베 도시카스, 편집 협력/가스가 가즈에

방적은 주로 여자들의 일이었고 리넨을 다루려면 숙련된 기술이 필요했는데, 히데보 자수의 재료인 가늘고 부드러운 실을 뽑는 일이 가장 어려웠습니다. 많은 시간 과 수고를 들인 양질의 실과 그 천에서 태어난 아름다운 흰색 실 자수는 크리스마스나 부활절, 경삿날에 손님을 초대하는 거실에 장식되었습니다. 기둥이 4개 달린 침대에 커튼과 겹쳐서 같이 매다는 좁고 긴 천 '퓐테혼크레더(Pyntehåndklæder)'와 그 천들 사이로 보이게 놓은 쿠션 커버에도 손님의 시선을 끄는 흰색 실 자수 를 놓았습니다. 세탁물을 말리는 난로 위 막대에 거는 장식 천 '크네두(knædug)'도 있습니다. 이 지역의 독특한 장식법(아래 사진)을 보면 이렇게 흰 천을 장식함으 로써 방안이 단숨에 화사해지고, 특히 어두운 겨울에는 촛불이 반사되어 빛나기도 합니다. 남성용 결혼식 셔츠와 여성용 이너 셔 츠도 히데보의 대표 작품으로 꼽히는데 옷깃과 소맷부리, 어깨 부분에서 흰색 실 자수를 볼 수 있습니다. 남성용 결혼식 셔츠는 이 지역의 전통에 따라 예비 신부가 약혼자를 위해 만드는 선물로, 결혼식에서 입은 뒤에는 예복으로 오랫동안 사용했습니다.

히데보 자수로 꾸민 당시의 거실 모습 을 재현한 전시(출처/그레베박물관).

6가지 화이트 워크의 탄생

여성들의 정교한 기술과 그 집의 부유함을 상징하던 히데보 자수는 대대로 이어져왔습니다. 이 자수는 헤덴 지역에서 태어난 흰 색 실 자수의 총칭이고, 시간이 흐르면서 6가지 기법이 발달했습니다. 각각의 특징에 따라 붙여진 이름은 다음과 같습니다. 리넨 의 올을 세면서 수놓는 카운트 워크(Count work)인 '테레쉬닝(Tællesyning)', 올을 뽑고 휘감치는 드론 워크(Drawn work)인 '드라우베아크(Dragværk)'·'루데쉬닝(Rudesyning)'·'비드쇰(Hvidsøm)'·'발뒤아링(Baldyring)', 천에 가위집을 넣고 휘감치는 컷 워크(Cut work)인 '우드크립스히데보(Udklipshedebo)'가 있습니다. 올을 따라 수를 놓는 초기 도안은 직선적인 동식물과 기 하학무늬이고, 후기에는 천에 직접 도안을 그린 뒤 수를 놓아서 곡선적인 꽃과 잎, 덩굴풀 무늬를 디자인했습니다. 이 기법들과 함 께 쓰인 테두리 장식도 히데보 자수의 큰 특징 중 하나인데, 바로 버튼홀 스티치로 수놓는 니들 레이스(Needle lace) 기법입니다.

사진 A~F는 2018년 그레베박물관에서 열린 히데보 자수 특별전 자료다. A／남성용 결혼식 셔츠와 장식 천 '퓐테혼크레데'. B／19세기 후반, 수도에서 크게 유행한 탈부착 칼라에서 컷 워크 기법을 엿볼 수 있다. C／남성용 결혼식 셔츠에 풍성하게 쓰인 초기 드론 워크인 '루데쉬닝'. 옷깃의 테두리 장식과 세심한 손바느질 스티치, 단추가 아름답다. D／후기 드론 워크인 '발뒤아링'이 쓰인 소맷부리. 이 테두리 장식도 C처럼 버튼홀 스티치만으로 꿰맸다. E／덩굴풀 무늬가 더해져 우아한 아름다움이 느껴지는 '발뒤아링'. 격자형 공간에 수놓는 모티프는 다양하며 그 조합에 따라 무늬를 무한대로 만들 수 있다. F／치밀한 수예가 멋진 이 '크네두'에서는 카운트 워크와 드론 워크를, 밑단에서는 프린지를 볼 수 있다. 제작자를 나타내는 BID와 제작 연도 1839를 크로스스티치로 수놓았다. G／1820년부터 1840년 무렵까지 활발하게 쓰인 '비드쇰'은 체인스티치로 윤곽을 둘러싸는 디자인이 특징이다. 1800년대 후반에는 밑단이 긴 셔츠의 옷깃만 분리해 탈부착 칼라로 사용했다.

시계탑과 아름다운 내부 장식이 특징적인 코펜하겐 시청. 1895년부터 10년에 걸쳐 1905년에 완성했다.

놓았고 당시의 자수 작품도 관람할 수 있습니다. 히데보 자수를 비롯한 전통 자수에 관한 관심이 높아진 2005년에는 자수 모임이 만들어졌는데, 회원 12명이 1년에 수차례 모여 옛 기술을 연구하며 새 작품을 디자인합니다.

2019년 봄, 박물관을 방문했을 때는 박물관 근처 농가에서 자란 자매 칸과 헨네에게 가족의 '히데보 자수 이야기'를 들을 기회가 있었습니다. 어느 날 두 사람이 다락방에서 찾은 상자 안에는 증조할머니(1882년생)가 만든 이 자매의 세례식용 '베이비 보닛'을 포함한 히데보 자수 작품이 들어 있었습니다. 이 보닛은 1908년 즈음에 만들어졌으며 증조할머니 딸들의 세례식 이후 대대로 이어져 칸과 헨네 사촌의 손녀가 사용해왔다고 합니다. 두 사람은 자수에 흥미가 없었지만, 이 보닛과 만난 일을 계기로 2009년부터 자수 모임에 참가해 히데보 자수를 시작했습니다.

덴마크 농가 여성의 소양으로서 엄마가 딸에게 정성껏 가르친 히데보 자수는 따스함과 소박함이 있으며 섬세하고 아름답습니다. 200년 전의 자수를 지금도 우리가 즐길 수 있다는 건 기쁜 일입니다. 당시의 작품에서 배울 점점도 셀 수 없이 많고요.

우드크립스히데보가 태어난 뒤 19세기 말까지 헤덴 지역 농민들의 가구와 의복은 도시의 영향을 받아 변화했습니다. 퓐테 혼크레더 같은 좁고 긴 천은 소파에 걸치는 작은 장식 천과 테이블 크로스 등으로 형태를 바꿨고, 여성들은 이너 셔츠의 옷깃 부분만 따로 떼서 원피스 드레스에 탈부착 칼라로 착용했습니다. 히데보 자수의 탈부착 칼라가 코펜하겐에 사는 상류층 여성들 사이에서 유행한 결과, 기술이 뛰어난 사람은 주문을 받아 작품을 판매해 부수입을 올렸습니다.

코펜하겐 시청 안의 장식 디자인은 주로 '비드쇰'에서 영감을 받았다.

세계 수예 기행
덴마크

Hedebo 히데보

세계에서 주목받는 흰색 실 자수

일부 지역에만 국한된 자수 문화가 쇠퇴하고 있었을 무렵, 1862년 런던만국박람회 전시 이후 각지에서 열린 세계박람회에서 히데보 자수가 주목받게 되었습니다. 1907년에는 히데보자수진흥회를 설립하여 덴마크 농민 문화에서 탄생한 고도의 기술인 흰색 실 자수가 국내외로 퍼지는 계기가 만들어졌습니다. 이 보급 활동의 중심이 된 사람이 왕립예술대학 교수이자 건축가인 마틴 뉘롭(Martin Nyrop)입니다. 그가 설계한 코펜하겐 시청 건물에 히데보 자수 중 주로 비드쇰을 건물 안의 벽과 문손잡이 등 세세한 부분까지 장식했습니다. 그는 건축학과 학생에게 "소재의 특성을 이해하면 아름다운 작품이 태어납니다. 대표적인 예가 히데보 자수예요"라는 말을 했습니다. 여성들은 리넨의 원료를 재배하여 자수 재료인 천과 실을 만드는 일련의 작업을 모두 자신의 손으로 했기 때문에 그 특성을 살려서 올을 세거나 뽑아 휘감치는 등의 여러 기법을 만들 수 있었을 겁니다. 잦은 사용과 세탁을 견딜 만큼 튼튼하고, 사용할수록 독특한 광택과 멋이 더해지는 흰색 실 자수의 스티치가 가진 매력도 알았을 거고요.

히데보 자수의 미래

히데보 자수는 지금도 전 세계 사람을 매료시키는 흰색 실 자수 중 하나입니다. 저도 그중 한 사람으로서 덴마크에 가면 꼭 당시의 작품을 전시하는 박물관을 찾아갑니다. 여러 차례 방문한 그레베박물관은 코펜하겐에서 남쪽으로 약 3km 떨어져 있으며, 헤덴에 있습니다. 이 박물관에서는 그레베시의 역사와 문화를 테마로 한 전시와 이벤트를 하고 있고, 히데보 자수 특별전도 비정기적으로 개최합니다. 상설전에는 1826~1930년의 유복한 농민의 생활을 재현해

다수의 리넨 천과 실의 품질은 당시와 크게 달라졌고 생활양식도 많이 변한 요즘, 히데보 자수 작품의 형태 역시 달라지는 것은 피할 수 없겠지요. 하지만 저는 창조력과 발상력이 풍부한 헤덴의 여성들이 남긴 기법과 아름다운 디자인을 살리면서 현대 생활에 녹아드는 작품을 제작하기 위해 힘쓰고자 합니다. 그중 하나가 자수로 장식한 작은 상자 '에스커'입니다. 이것도 덴마크 유학 시절에 만난 수공예품입니다. 판지를 잘라 상자를 만든 다음 그 둘레에 제본용 원단을 붙이고 옆면이나 뚜껑에 자수를 끼워서 완성합니다. 실용성 높은 상자로 완성해 히데보 자수의 매력을 살릴 수 있죠.

하얀 실과 하얀 천을 사용하는 자수는 조심스럽게 바늘을 움직일 때도, 오랜 시간을 들여 완성한 작품을 사용할 때도 적당한 긴장감이 있어 특별한 느낌을 줍니다. 새하얀 세상이 주는 '특별한 기쁨'은 지금이나 예전이나 마찬가지이니까요. 그것이 히데보 자수의 큰 매력일지도 모르겠습니다. 가족이나 소중한 사람을 위해 마음을 담아 만든 히데보 자수 작품의 아름다움과 사랑스러움 역시 변함이 없을 겁니다. 이 훌륭한 전통이 앞으로도 계승되기를 바랍니다.

대대로 소중히 써온 세례식용 베이비 보닛.

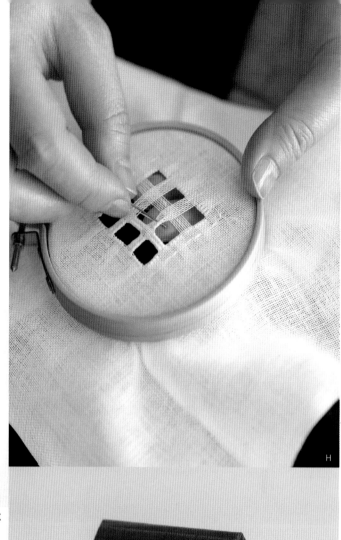

H／올을 뽑은 뒤 휘감치는 모습. I／내용물에 맞춰 크기와 모양을 자유로이 설계할 수 있는 것이 상자 만들기의 즐거움이다. 칸막이를 만들어 2단으로 완성한 반짇고리. J／문은 카운트 워크, 창문은 드론 워크로 수놓아 집 모양의 상자로 만든 작품 《덴마크의 추억의 집》. K／제본용 원단의 색을 고르는 일도 즐거운 작업 중 하나. L／다양한 기법과 아름다움은 물론이고 역사적 배경도 흥미로워서 수집한 관련 서적. M／《HEDEBO 덴마크 전통 흰색 실 자수》 표지와 이 책에 실린 작품들.

사토 치히로(佐藤ちひろ)

자수·자수 상자 작가. 도쿄 출생. 《삐삐 롱스타킹》의 원작자 아스트리드 린드그렌의 영향을 받아 어릴 적부터 북유럽에 대한 강한 동경을 품었다. 1993년 덴마크 스칼스수공예학교에서 유학했다. 현재는 아틀리에(www.aesker.com)와 워크숍에서 덴마크의 작은 자수 상자 '에스커(Æsker)'와 스탬프 워크, 히데보 자수 등 다양한 자수 기법을 가르치고 있다. 저서로는 《HEDEBO 덴마크 전통 흰색 실 자수》, 《작은 자수》, 《알파벳 자수》 등이 있다.

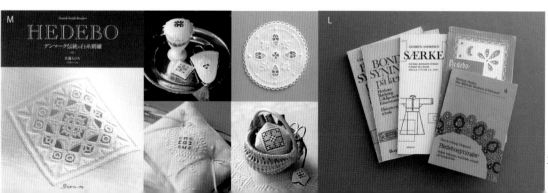

나의 아름다운 작업실

취재 : 정인경 / 사진 : 김태훈

뜨개를 취미로 삼은 사람이라면 누구나 나만의 뜨개 공간을 꿈꾼다. 온전히 뜨개에 집중하는 시간을 보낼 수 있는, 안락하고 편안한 공간. 내가 좋아하는 실과 직접 뜬 작품들에 둘러싸여 여유롭게 한 땀 한 땀 편물을 만들어내는 시간은 상상만 해도 마음이 평온해진다. 오롯이 뜨개만을 위해 꾸며진 아름다운 작업실 두 곳에 찾아가 보았다.

취향을 담아 편물을 지어요
동연수예점

상봉역에서 걸어서 10분 쯤, 조용한 골목 2층에 사방으로 창이 나 있어 시원한 뷰를 자랑하는 동연수예점이 있다. 뜨개를 꽤나 했다는 사람도 이런 건 처음 봤다고 눈을 반짝일 만한 작품과 실, 부자재가 가득한 공간에는 이곳 특유의 감성이 구석구석 스며 있다. 이곳에서 동연은 코바늘 뜨개질로 편물을 짓고, 다양한 소재를 섞어 동연수예점만의 실을 만든다.

"어릴 적부터 실과 바늘은 저에게 익숙한 것이었어요. 어머니가 뜨개질을 아주 잘 하셨거든요. 대학 졸업 후, 방황하던 시기가 있었는데 뜨개로 많은 위안을 받았어요. 한동안 뜨개에 빠져 지냈는데 그 모습을 본 덕소의 한 카페에서 제작품을 구매하고 싶다는 요청을 받았지요. 그때가 2016년 겨울이었고, 그게 제 뜨개일의 시작이에요. 로고도 라벨도 다 그때 만든 것이고요. 제작품을 판매하면서 수업도 열게 되었고, 공간의 필요성을 느껴 을지로에 작업실을 얻었어요. 이곳 상봉동에는 2021년 여름에 왔습니다." 온전히 뜨개를 위해 만들어진 공간인 만큼 동연수예점의 운영 시간은 동연의 개인 작업이나 수업 일정 등에 따라 유동적이다. 매주 바뀌는 오픈 일정을 인스타그램을 통해 공지하니 확인 후 방문하는 것을 추천한다.

동연수예점은 코바늘 뜨개질 작업실이자 실 가게이면서 카페로 운영되므로, 영업 시간 내에는 카페 공간을 이용하거나 커피 한 잔을 주문해두고 얼마든지 뜨개를 즐겨도 좋다. 창밖으로 우거진 나무의 잎이나 오가는 사람들의 생활 소음, 잔잔히 흘러나오는 음악이 마음을 따스하게 감싸주는 공간이다.

"뜨개 기법은 한정되어 있는데다 워낙 오래 된 수예법이다 보니 나만의 것을 만들기 위해 고민을 많이 했어요. 저는 다양한 소재와 뜨개 기법을 엮어서 새로운 작품을 만들어내는 걸 즐겨요. 가령 원목을 바닥으로 사용해 가방을 뜨거나, 사진을 뜨개로 둘러 액자를 만들기도 하죠."

2017년에 처음 뜨개 클래스를 오픈한 이래 수강생들과 특색 있는 수업을 진행해 왔다. '취향의 크로셰' 수업에서는 이름처럼 각자 취향에 맞는 편물을 만들 수 있도록 돕는다. 각자 뜰 편물을 구상하고 그 디자인에 따라 동연이 도안을 만들어 수업을 진행하는 식이다. 실은 동연수예점을 방문하는 누구든 구매할 수 있다. 원한다면 완성 작품을 구입하는 것도 가능하다.

"점점 가는 실이 좋아져요. 최근에는 원사(흔히 실 한 올이라고 이야기하는, 의류용 천을 제작할 때 사용하는 실)로 도일리를 뜨고 있어요. 같은 도안도 사용하는 실의 재질과 두께가 달라지면 이렇게 다른 느낌으로 완성된다는 게 재밌어요."

동연수예점이라는 브랜드의 방향을 시각적으로 전달하는 사진도 모두 직접 찍었다. 마음에 드는 커피를 내릴 줄 알고, 그때그때 다르게 선곡하는 음악으로 이곳만의 무드를 만든다.

"누군가는 촌스럽다고 생각할지도 모르는 오래되고 낡은 것에서 따뜻함을 느껴요. 저는 그냥 이런 게 좋아요. 그래서 제가 좋아하는 것들을 모아 공간을 꾸미고 있어요." 동연수예점을 가만히 둘러보다 보면 어쩐지 90년대의 감성과 23년 현재의 감성이 동시에 느껴지는 듯하다. 그렇게 시간을 가로지른 듯한 공간에서 어느 한가로운 날 따뜻한 커피 한 잔과 함께 뜨개를 하는 호사를 누릴 수 있는, 뜨개인을 위한 선물 같은 곳이다.

인스타그램 : @dongyeon.crochet
홈페이지 : www.dongyeon-crochet.com
주소 : 서울 중랑구 봉우재로 173 2층(운영 시간은 인스타그램 확인)

1／바닥이나 가구는 최대한 어두운 나무 색을 사용했다. 2／동연수예점만의 감성으로 만든 실. 3／살랑이는 바람을 느끼며 한 잔의 차를 앞에 두고 뜨개하는 시간이 평화롭다 4／새로운 소재와 크로셰를 조합하거나 새로운 패턴을 만드는 일이 즐겁다 5／유리병과 크로셰의 만남. 6／원목을 바닥 소재로 사용해본 가방 7／같은 도일리 도안인데 실 두께의 차이만으로 이렇게 달라진다. 8／필름 카메라로 직접 찍어 만든 엽서로 크로셰 액자를 만들었다. 9／누구든 와서 뜨개를 즐길 수 있는 카페 공간.

뜨개는 마음에 공간을 짓는 일
레이첼의 로즈 크로셰

레이첼의 작업실에는 직접 뜬 뜨개 작품들이 가득하다. 시간이 차곡차곡 쌓인 레이첼만의 감성 가득한 공간에 들어서는 순간, 마치 다른 세계로 넘어온 느낌이 든다. 모티브 블랭킷, 레이스 커튼, 여러 개의 도일리와 코스터가 눈 닿는 곳마다 쌓여 있다.

"코바늘을 처음 잡아본 건 중학생 시절 가사 수업 시간에서였어요. 얇은 레이스 실로 도장을 담는 작은 파우치를 만들었죠. 지금 생각하니 정말 옛날 일이네요." 당시에는 그저 예쁘다, 재밌다고 여기고 지나갔지만 시간이 흘러 97년에 본격적으로 코바늘 뜨기를 독학했다. 그렇게 뜨개를 시작한 지 벌써 25년. 뜨개를 아예 직업으로 삼은 것은 티룸(Tea room)을 오픈하면서부터였다. 2012년 티룸을 오픈했을 당시만 해도 티만 전문적으로 판매하는 곳이 거의 없어서 차를 좋아하는 사람들이 즐겨 찾아왔다고 한다. "티를 마시러 온 손님에게 티를 내려주고, 저는 얼른 뒤로 돌아가 뜨개 수업을 진행하곤 했어요. 티룸 운영과 뜨개 공방 운영을 동시에 진행하려니 정신 없이 바빴지요." 그렇게 티룸과 클래스를 동시에 운영한 지 5년 정도 지났을 즈음에는 뜨개만 중점적으로 다루는 매장이 되었다. 아쉽게도 운영하던 티룸은 2020년 문을 닫았다.

하지만 워낙 꾸준히 오래 뜨개를 해오다 보니 코바늘을 즐기는 사람, 그중에서도 레이스나 커튼을 뜨는 것에 관심을 가진 사람들에게는 누구나 한 번쯤 레이첼이라는 이름을 들어봤을 정도로 유명해졌다. 그 사이 책도 2권을 냈다. 저작권에 관한 개념이 아직 사회적으로 정립되지 않았던 무렵, 애써 만든 도안의 저작권을 지키기 위해서였다. "저는 주로 커튼, 블랭킷 등 네모난 것을 떠요. 유행은 못 따라가겠어요(웃음). 그저 내가 좋아하는 것들을 꾸준히 하자고 생각하고 있어요." 현재는 수업도 잠정 중단하고, 패키지 판매를 중심으로 활동하고 있다.

"제 뜨개를 한마디로 표현하자면 소재로는 울 앤 레이스(wool & lace), 패턴은 로즈 앤 그래니(rose & granny)라고 할 수 있을 것 같아요. 비워주고 쉬어 가면서 패턴을 만드는 일이죠."

주로 커튼 작품을 많이 작업하는 레이첼의 도안은 대체로 쉽다. 한길 긴뜨기와 사슬뜨기만 할 줄 알면 누구나 충분히 완성할 수 있다. 바늘도 5~6호 정도의 바늘을 사용한다. 해가 들 때 빛이 가장 예쁘게 들어올 수 있는 무늬를 상상하며 숭덩숭덩한 구멍과 촘촘한 구간을 반복해 작품을 만든다. 평소 울과 레이스를 혼용하는 도안을 선호하는데, 예를 들어 본판은 울로 만들고 테두리를 레이스로 작업하는 식이다. 이런 레이첼만의 디테일이 작품의 완성도를 높여준다.

레이첼 작가에게 왜 뜨개를 계속 하는지, 뜨개가 자신에게 어떤 의미인지 물었다. "제가 생각하는 크로셰는 마음의 공간을 만드는 일이에요. 한 코 한 코 손수 만든 작은 레이스 커튼을 창가에 거는 순간 마음이 환해지고 그만큼 제 마음 속 공간도 여유로워지는 것 같거든요. 그래서 마음에 여유가 없을 때일수록 맘속 공간을 찾고 싶어서 또 뜨개질을 하게 되는 것 같아요."

인스타그램 : @rachels_crochet
홈페이지 : www.rachelsrose.co.kr

1／뜨개를 하는 손. 눈 감고도 뜰 수 있게 훈련해서 뜨개 하는 할머니가 되고 싶다. 2／나만의 뜨개 작업실. 주변에 뜨개에 필요한 것들이 다 있다. 3／도일리를 멋스럽게 붙여두니 그 자체로 작품이 된다. 4／애용하는 내추럴 컬러의 실과 티룸의 흔적. 5／뜨개 작품으로 꾸며놓은 공간은 바라보기에도 좋다. 6／등 하나 켜고 다과와 함께 뜨개 하는 시간. 7／만든 작품이 많다 보니 그냥 쌓아두기만 해도 세월이 느껴진다. 8／직접 뜬 뜨개 커튼, 등 커버, 오너먼트. 9／장미와 레이스가 잘 어울리는 장미 모티브 레이스.

바람, 햇살, 상쾌한 하루
브리즈 레이스 커튼

작품 디자인 & 제작 : 레이첼(양선영) / 사진 : 김태훈

살랑살랑 불어오는 봄 바람에 하늘하늘 흔들리는 커튼을 만들어요. 코바늘 레이스 커튼 사이로 들어오
는 눈부신 빛이 하루를 더 반짝이게 만들어줄 거예요. 레이첼의 커튼 도안은 작업이 쉬우면서도 결과물
은 아름답다는 게 강점이에요. 사슬뜨기와 한길 긴뜨기, 두길 긴뜨기를 이용해 만들 수 있는 이 커튼은
원하는 대로 길이를 조절할 수도 있답니다.

How to make／P.180

실 구매

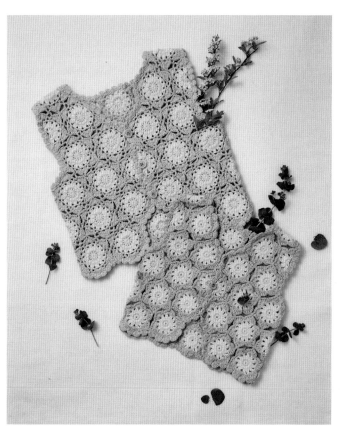

봄을 담은 크로셰 웨어
데이지 모티브 조끼

작품 디자인 & 제작 : 니들코티지 / 사진 : 김태훈

모티브를 연결해 만드는 크로셰 웨어. 니들코티지의 데이지 모티브 조끼를 만나보세요. 따사로운 여름날 살짝 걸치면 멋스러움도 사랑스러움도 배가 되는 패션 아이템이랍니다. 나만의 색상으로 모티브를 만들어 개성 있는 룩을 연출해보면 어떨까요? 단색으로도 배색으로도 즐겁게 매치할 수 있는 아이템이랍니다.

How to make／P.181

키트 구매

Magic Needle

[뜨개 자유 연구]
마법 바늘로 뜨자

올여름은 바늘 하나로 '코바늘뜨기, 대바늘뜨기, 아프간뜨기'를
정복할 수 있는 마법의 바늘로 새로운 뜨개에 도전해보세요.
어른에게도 여름 숙제 하나쯤은 있어도 좋을 듯해요.

photograph Shigeki Nakashima styling Kuniko Okabe, Yuumi Sano
hair&make-up Daisuke Yamada model Emma Koyama(173cm)

이 바늘은 뜨개 초심자와 대바늘을 잘 다루지 못하는 사
람을 위해 고안되었지만 의외로 뜨개 상급자가 활용하기
에 좋은 바늘이랍니다. 바늘 끝이 코바늘 형태라서 뜨기
번거로운 '코에 꿴 교차뜨기'도 손쉽게 뜰 수 있어요. 여
러 요소를 조금씩 사용한 스트링 파우치를 뜨며 새로운
세계로의 문을 열어보세요!

Design／곤노 료코   How to make／P.145
Yarn(왼쪽 A)／다이아몬드케이토 다이아 라콘테
Yarn(오른쪽 B)／퍼피 코튼 코나

어려워 보이지만 생각보다 쉽게 뜰 수 있는 기다란 숄에 도전! 투명감이 돋보이는 체인페탈뜨기(Chain Petals Stitch)를 비롯한 메리야스뜨기, 플레인 아프간뜨기, 줄무늬 짧은뜨기로 구성된 스톨을 뜨면서, 바늘 하나로 3가지 기법을 구사하는 기적 같은 뜨개 타임을 경험해 보세요.

Design／곤노 료코
How to make／P.146
Yarn／퍼피 팔피토, 코튼 코나 파인

숄 뜨는 법

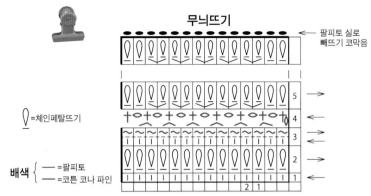

마법 바늘은 갈고리와 구멍이 있는 바늘, 코드 2줄, 집게가 한 세트로 구성되어 있습니다. 마법 바늘은 '누크(Knook)'라고 하며, 이 바늘을 사용한 뜨개 기법은 '누킹(Knooking)'이라고 합니다.

=체인페탈뜨기

배색 { =팔피토
=코튼 코나 파인

무늬뜨기

→ 팔피토 실로 빼뜨기 코막음

1
바늘에 코가 남는 단을 뜰 때는 바늘구멍에 코드를 끼웁니다. 1단이 길어지면 코드 끝에 집게를 꽂아서 코가 빠지지 않도록 합니다.

2
기초코는 지정 콧수만큼 사슬을 뜹니다. 바늘은 사진처럼 위쪽에서 쥐듯이 잡습니다.

3
바늘에 걸려 있는 고리가 첫 코가 되므로 1코 건너뛴 사슬의 뒷산에 바늘을 넣고,

4
실을 끌어내서 겉뜨기를 완성합니다. 이 과정을 반복합니다.

5
1단을 모두 뜨면 코를 코드로 옮깁니다.

6
옮긴 모습. 바늘에서 코드를 빼고 다른 코드를 바늘에 끼워둡니다.

7
뜨개바탕을 안면으로 뒤집습니다. 앞단의 코에 바늘을 넣어 실을 끌어냅니다.

8
다시 실을 걸어서 길게 끌어냅니다.

9
'체인페탈뜨기'를 1코 완성했습니다. 이 과정을 반복합니다.

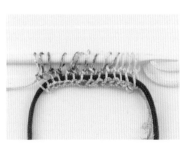

10
2단을 모두 뜨면 코를 코드로 옮기고, 1단에 끼워져 있는 코드를 빼서 바늘에 끼워둡니다.

44

Magic Needle

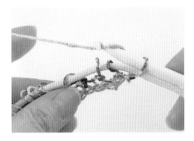

11
뜨개바탕을 겉면으로 돌려서 겉뜨기를 계속 뜹니다.

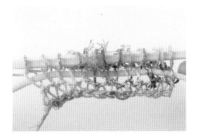

12
3단을 진행 방향대로 뜬 모습. 코는 바늘에 남깁니다.

13
앞쪽에서 바늘에 실을 건 다음 배색실로 바꿔 잡고 바늘에 걸어둔 실과 고리 1개를 빼냅니다.

14
계속해서 고리를 2개씩 빼내며 되돌아옵니다.

15
3단을 모두 뜨면 코드를 뺍니다.

16
4단은 사슬 1코로 기둥코를 만든 다음 화살표처럼 바늘을 넣어 짧은뜨기를 뜹니다.

17
다시 사슬을 1코 뜨고 다음 2코에 바늘을 넣어 실을 끌어내서

18
짧은뜨기를 뜹니다. 이 과정을 반복합니다.

19
마지막 1코에는 짧은뜨기를 뜨는데, 마지막은 3단의 진행 방향에서 쉬어두었던 실로 빼냅니다. 4단을 완성했습니다.

20
안면으로 뒤집고 실을 걸어 길게 끌어내서 체인페탈뜨기를 뜹니다.

21
사슬코를 다발로 주워 기호도대로 체인페탈뜨기를 뜹니다.

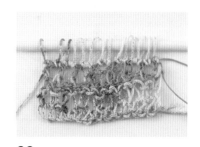

22
5단을 모두 뜨면 코를 코드로 옮깁니다. 지정 단수까지 반복하며 뜹니다.

23
뜨개 마무리는 첫 코를 겉뜨기로 뜨고

24
다음 코에 바늘을 넣어 고리 2개를 한꺼번에 빼냅니다.

25
끝까지 이 과정을 반복하며 빼뜨기 코막음을 합니다.

26
완성했습니다.

스트링 파우치 뜨는 법

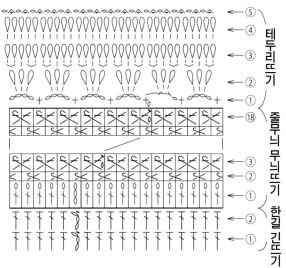

배색 {
—=남색
—=진분홍
—=그레이
}

1
원형뜨기의 기초코를 만들고 기호도대로 늘림코를 하면서 한길 긴뜨기를 뜹니다.

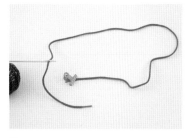

2
줄무늬 무늬뜨기의 1단은 코가 그대로 남으므로 바늘구멍에 코드를 끼웁니다. 1단이 길어지면 코드 끝에 집게를 꽂아 코가 빠지지 않도록 합니다.

3
한길 긴뜨기 마지막 단의 마지막 빼뜨기를 뜰 때 실을 바꾸고, 줄무늬 무늬뜨기 1단의 기둥코가 될 사슬을 3코 뜹니다.

4
바늘에 실을 걸고 앞단에 바늘을 넣어 실을 끌어냅니다.

5
바늘에 실을 걸고 바늘에 걸린 고리 2개를 빼내서 한길 긴뜨기를 뜹니다.

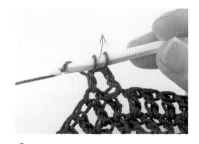

6
다시 실을 걸고 바늘에 걸린 고리 1개를 빼내서 사슬 1코를 뜹니다.

7
한길 긴뜨기에 사슬 1코를 떴습니다. 4~6을 반복합니다.

8
바늘에 뜨개코가 쌓이면 3~5코 정도 남기고 코를 코드로 옮깁니다.

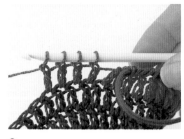

9
옮긴 모습. 같은 방법으로 반복하며 원형뜨기를 합니다.

10
1단을 떴으면 코를 모두 코드로 옮긴 다음 바늘에서 코드를 빼고 다른 코드를 바늘구멍에 끼웁니다.

11
2단은 앞단의 마지막 코와 첫 코에 바늘을 넣고,

12
오른코에 왼코를 통과시킵니다.

13
새로운 실을 걸어 끌어냅니다.

14
오른코에 화살표처럼 바늘을 넣어 같은 방법으로 실을 끌어냅니다.

Magic Needle

15
왼코에 펜 교차뜨기를 완성했습니다. 같은 방법으로 반복하다가 바늘에 코가 쌓이면 코드로 옮기면서 뜹니다.

16
2단을 떴으면 코를 모두 코드로 옮기고 1단의 코드를 빼냅니다.

17
3단은 2단과 같은 방법으로 앞단의 마지막 코와 첫 코에 바늘을 넣어 코를 끌어냅니다.

18
사슬 1코로 기둥코를 만들고 짧은뜨기를 뜹니다.

19
오른코에도 바늘을 넣어 짧은뜨기를 뜹니다.

20
짧은뜨기의 왼코에 펜 교차뜨기를 완성했습니다. 같은 방법으로 반복합니다.

21
1단을 모두 뜨면 실을 바꿔서 첫 코에 빼뜨기합니다. 이어서 지정 단수만큼 줄무늬 무늬뜨기를 뜹니다.

22
테두리뜨기 1단은 짧은뜨기 1코, 사슬 4코를 반복하는데 마지막은 사슬 1코, 한길 긴뜨기를 뜹니다. 이어서 바늘에 실을 걸어 길게 끌어냅니다.

23
체인페탈뜨기를 1코 완성했습니다. 1단에 바늘을 넣어 체인페탈뜨기를 2코 더 뜹니다.

24
기호도대로 계속 뜹니다. 바늘에 코가 쌓이면 코를 코드로 옮깁니다.

25
지정 단수만큼 모두 뜨면 마지막 코와 첫 코에 바늘을 넣어 한꺼번에 빼냅니다.

26
사슬을 1코 뜨고 다음 2코에 바늘을 넣어 빼냅니다. 이 과정을 반복합니다.

On the Beach

여름 시즌의 빅 이벤트라고 할 수 있는 바캉스. 보통은 뜨개 인형을 다루는 코너지만,
이번 호에서는 여름 물놀이에 안성맞춤인 옷과 소품을 소개합니다.

photograph Toshikatsu Watanabe styling Terumi Inoue

커버업 비치웨어

뜨개 수영복을 입고 수영하기는 쉽지 않지만, 이런 비치 웨어를 입고 바닷가에서 참방참방 물장구치면 기분이 좋아지지요.

Design／YOSHIKO HYODO
Knitter／야마다 가나코
How to make／P.148
Yarn／다루마 래더 테이프

가방

직접 뜬 비치 웨어에 매치할 수 있게끔 니터로서 실력을 발휘해볼까요? 가방도 세트로 떠서 코디하면 해변에서 사람들의 시선을 독차지하게 될 거예요.

Design／YOSHIKO HYODO
Knitter／야마다 가나코(미니백)
How to make／P.147·148
Yarn／다루마 래더 테이프, 튜브

해외 웹사이트를 돌아다니다 보면 코바늘뜨기로 뜬 수영복을 중심으로 다양한 뜨개 수영복 디자인을 만날 수 있습니다. 귀여운 디자인이 많아 떠보고 싶다는 생각이 들지만 여러 장벽에 막히곤 하지요. 하지만 이 스타일이라면 수영복 위에도 받쳐 입을 수 있고, 여름 실내복으로도 안성맞춤입니다. 파도를 연상시키는 배색과 팬츠 부분은 코바늘뜨기로, 단정하게 떨어지는 밑단 둘레와 요크 부분은 대바늘뜨기로 뜬 하이브리드 옷이랍니다. 여기에 물에 젖어도 되고 수납력도 뛰어난 짧은뜨기로 뜬 비치백에는 안주머니 대신 미니백을 따로 떠서 세트로 매치해보세요. 스타일과 실용성을 겸비한 매력적인 아이템이 될 거예요.

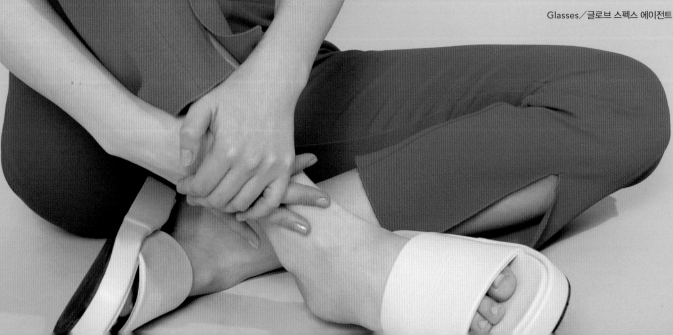

Color Palette
변화무쌍한 모자 & 가방

완성하자마자 어디론가 떠나고 싶어지는 모자와 가방들!
여름을 닮은 쨍한 색감의 소품은
나를 빛나게 하는 액세서리랍니다.

photograph Shigeki Nakashima styling Kuniko Okabe Yuumi Sano
hair&make-up Daisuke Yamada model Emma Koyama(173cm)

Straw

짧은뜨기로 뜬 버킷햇은, 캐주얼한 스타일은
물론 원피스처럼 여성스러운 스타일에도 아
주 잘 어울리는 만능 아이템. 담황색으로 뜨
면 데일리로 사용하기 좋은 여름 필수템이 탄
생합니다.

Knitter／마노 아키요
How to make／P.152·154
Yarn／올림포스 샤포트
Glasses／글로브 스펙스 에이전트

Pink

선명한 분홍색 가방은 모자를 거꾸로 뜬 형태입니다. 가방 본체는 모자의 상단부터 옆면까지 똑같이 뜨고, 거기에 덮개를 달아 핸드백으로 만들었지요. 어딘가 1960년대 분위기가 감도는 깜찍한 매력에 빠질 것만 같아요.

Brown

상단과 옆면을 담황색 모자와 똑같이 뜨다가 모자챙을 좀 더 길게 뜬 뒤 슬릿을 넣었습니다. 슬릿 덕분에 묶음머리도 깔끔하게 연출할 수 있어요. 모자챙에 이어 떠서 벨트로 고정하는 리본 부분은 뜨는 법도 재미있어 흥미롭답니다.

Orange & Navy

굵은 줄무늬를 넣어 만든 버킷햇은 배색이나 줄무늬 굵기를 달리하면 또 다른 인상을 즐길 수 있지요. 모자챙도 다양하게 변화를 주며 자신만의 스타일을 찾아보세요. 마음에 쏙 드는 아이템을 만날 수 있을 거예요.

Mustard & Straw

코디의 포인트가 되어줄 머스터드 컬러의 가방. 가방 본체는 모자의 상단, 옆면과 뜨는 법이 같아서 뜨기도 쉽답니다. 옆면을 모자보다 조금 길게 뜨고, 입구 부분의 그물 뜨기 색을 달리해서 포인트로 연출했습니다.

콘사러버 여기 모여라!
오프라인 콘사 매장 대탐험

취재 : 정인경 / 사진 : 김태훈

세상에는 뜨개인을 위한 정말 다양한 실이 존재한다. 실의 재질도, 두께도, 색도 천차만별이다. 수많은 뜨개인의 취향만큼 뜨개실의 종류도 셀 수 없이 많다. 가방을 뜰 때는 모양이 탄탄하게 잡히도록 어느 정도 두께가 있는 실이 유용한 반면, 옷을 뜰 때는 무겁지 않으면서 예쁘게 핏을 살려주는 실이 어울린다. 실장 가득 실이 있어도 또 취향의 실을 찾아 헤매는 실 마니아를 대신해 최근 주목받는 오프라인 콘사 매장에 다녀왔다.

1

2

솜솜뜨개

뜨개인이 애정하는 콘사 브랜드 솜솜뜨개가 쇼룸을 확장 이전했다. 첫 쇼룸을 오픈하고 꼭 1년 만의 일이다. 쇼룸을 운영해보니 더 많은 실과 다양한 활용법을 제안하고 싶다는 생각이 커졌고, 무엇보다 뜨개를 사랑하는 모두가 편하게 방문해 머물 수 있는 공간을 만들고 싶은 마음에 넓은 공간을 마련했다고 한다. 망원동 골목길 조용한 주택가에 위치한 이번 매장은 무려 건물 하나를 통째로 사용하는데, 1층은 실을 구매할 수 있는 매장으로, 2층은 예약제 공방으로 운영되고 있다.

다양한 제품을 만나볼 수 있는 1층 매장은 이전 쇼룸에 비해 훨씬 넓어진 만큼 다양한 실과 뜨개 관련 제품을 둘러볼 수 있어서 구경하는 재미가 있다. 손염색실 브랜드 포포하비 스튜디오, 오밀조밀 잡화점, 스너기앤울리가 입점해 있고, 뜨개가 더 행복해지는 '기린이모'의 얀 홀더, '시니트(seeknit)'와 '튤립에티모(tulipetimo)', '아디(addi)'의 바늘과 부자재, '닛투웨어(knit to wear)'의 한글 도안까지 한번에 만나볼 수 있다. 방문 구매 시 5% 할인을 받을 수 있다는 것도 놓칠 수 없는 장점!

2층 공방은 솜솜에서 구매한 실을 직접 떠보며 누구나 편안하게 쉬어 갈 수 있는 곳이다. 뜨개 사랑방처럼 재미나게 놀다 갈 수 있도록 뜨개 서적, 뜨개 도구 등이 다양하게 준비되어 있으며, 작은 냉장고 안에는 간식과 음료도 채워져 있다. 외부 음료나 간식 지참도 가능하며, 6인 이상은 2층 전체 대관도 가능하다고 하니 뜨개 모임을 계획하고 있다면 체크해두자. 당일에 공방 이용 예약도 가능하니, 문득 뜨개로 힐링하고 싶은 날이 있다면 방문해도 좋을 것이다.

솜솜뜨개가 쇼룸을 이전하면서 2층 공방을 마련한 또 다른 이유! 매주 화, 금, 토 2층 공방에서는 뜨개 멘토링이 운영된다. 예약제로 운영되며, 뜨개를 처음 접한 후 한 단계 레벨업을 하고 싶은 초보자를 위한 프로그램이다.

새로운 무늬를 뜨려고 하는데 막혔거나, 도안이 이해되지 않아서 진도가 나가지 않는다면 솜솜뜨개의 뜨개 멘토링을 통해 공방장의 도움을 받을 수 있다. 2층 공방 사용과 뜨개 멘토링은 모두 유료로 진행되며 예약 후 이용할 수 있다. 예약은 솜솜뜨개 인스타그램 프로필에 있는 링크에서 진행할 수 있다.

주소 : 서울시 마포구 서교동 469-6
운영 시간 : 13:00-19:00(매주 월요일 휴무)
인스타그램 : @somsom.knit

1／벽면을 가득 채운 콘사와 솜솜에서 취급하는 브랜드 실을 구경하다보면 시간 가는 줄 모른다. 2／건물 하나를 통으로 사용하는 솜솜뜨개의 새로운 매장 3／솜솜뜨개에서만 구매할 수 있는 손염색 실도 있으니 체크! 4／직접 뜬 작품은 손님들이 살펴볼 수 있게 걸어둔다. 5／햇살이 따뜻하게 비치는 2층 테라스 6／솜솜의 모든 콘사를 색상별, 소재별로 살필 수 있다. 7／나만의 뜨개를 즐길 수 있는 2층 공간. 8／뜨개 부자재나 관련 제품을 살필 수 있는 공간도 생겼다.

열매달 이틀

얼마전 3주년을 맞이한 콘사 브랜드 열매달 이틀. 처음 등장했을 때부터 특유의 감성과 색감으로 뜨개인의 마음을 사로잡았던 열매달 이틀이 마침내 오프라인 공방을 오픈했다. 이대역에서 나와서 아파트 단지 쪽으로 조금 걸어가면 깨끗하고 넓은 길 옆으로 환한 인상을 주는 열매달 이틀의 오프라인 매장이 보인다. 실과 뜨개에 온전히 집중할 수 있는 깔끔한 매장에는 온라인에서나 보던 환상적인 색감의 콘사들이 가득하다.

색감 장인, 감성의 대가로 불리는 열매달 이틀답게 매장에는 다양한 제품군과 작품이 구비되어 있는데, 콘사는 물론 직접 염색한 손염색실까지 다양하다. 하나하나 색감을 살피다 보면 그저 실이 너무 좋아서 직접 만들게 됐다는 공방장의 말이 무슨 뜻인지 이해가 될 정도. 직접 떠서 전시해둔 뜨개 작품들만 봐도 정말 실과 뜨개를 좋아하는 사람이구나, 온전히 느끼게 된다.

열매달 이틀 매장에서는 베스트셀러인 온화(울), 여름방학(코튼), 새벽 안개(모헤어) 등을 직접 보고 살 수 있고 스와치를 살펴 뜨고자 하는 도안에 어울릴지 가늠해볼 수 있다. 다만 온라인과 오프라인의 재고가 따로 관리되고 있어, 양쪽 채널에서 살 수 있는 제품이 상이할 수 있으니 미리 확인 후 방문하는 것이 좋다. 보통 콘사는 교환이나 환불이 어려운 경우가 많은데 열매달 이틀에서는 교환, 환불이 가능하다는 점도 큰 장점이다.

특히 손염색실의 경우 실만 보고 완성품을 상상하기가 어려운데, 이곳에서는 스와치를 살펴볼 수 있으니 구매가 고민되는 색상이 있다면 꼭 오프라인 매장을 방문해보자. 마음에 드는 제품을 바로 구매 가능하고 콘사와 손염색실을 합사한 스와치도 확인할 수 있으니 나만의 편물 느낌을 내고자 하는 사람들에게 좋은 가이드가 될 것이다. 손염색실을 구매하면 현장에서 와인더와 물레를 대여할 수

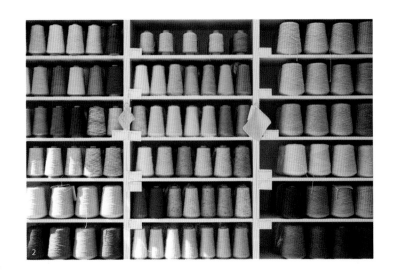

있으니, 물레가 없어 손염색실 구매를 망설였던 사람들에게도 좋은 기회! 그밖에 다양한 뜨개 바늘과 부자재도 구비되어 있는데, 특히 라이키(lykke) 바늘 세트는 다양한 색상이 준비되어 있으니 직접 방문해 살펴보고 조언을 받아 구매하는 것도 추천한다. 7월까지 방문 구매시 5% 할인, 장바구니 지참시 10% 할인 이벤트를 진행하고 있으니 올 여름 꼭 방문해보자!

주소 : 서울시 마포구 대흥로 175, 신촌그랑자이상가 4동(후문) 106호
운영 시간 : 네이버 지도 참고
홈페이지 : https://yeolmaedaleitel.com

3 4

5

6

1／실에 집중할 수 있는 하얗고 깨끗한 열매달 이틀의 공간. 2／색감 천재 열매달이틀 의 실을 살펴보는 것만으로 배가 부르다. 3／뜨개와 실에만 온전히 빠져드는 시간. 4／지나가는 사람들의 눈길을 사로잡는 완성품들. 5／다양한 실의 합사 스와치가 준비되어 있어 실 고르는데 참고가 된다. 6／열매달 이틀 매장에서 손염색실을 구매하면 물레를 사용할 수 있다! 7／매번 바뀌는 디스플레이는 공방장이 직접 뜬 작품으로 구성된다. 8／손염색실과 콘사를 합사하면 어떤 느낌일지 알려주는 스와치. 9／뜨개인의 로망 라이키 바늘 세트도 직접 보고 구매할 수 있다.

7

8 9

Yarn Catalogue

봄·여름 실 연구

여름 실 특유의 매끄러움과 가벼움을 한껏 즐겨보세요.
맑은 색감도 매력적입니다.

photograph Toshikatsu Watanabe styling Terumi Inoue

 팔피토
퍼피

아름다운 색의 흐름과 형상, 질감의 변화에 가슴이 설
렌다고 해서 '두근두근'을 뜻하는 이름이 붙었습니다.
심플한 뜨개바탕이라도 깊고 우아한 분위기를 즐길 수
있습니다.
Data
코튼 55%·레이온 25%·폴리에스테르 20%, 색상
수／6, 1볼／50g·약 118m, 실 종류／병태, 권장 바
늘／7~9호(대바늘)·7/0~9/0호(코바늘)
Designer's Voice
다양한 표정이 잇따라 나와서 질리지 않고 뜰 수 있는
실입니다. 마법 바늘 뜨개처럼 루즈하게 완성하는 작품
에 특히 효과적입니다. (곤노 료코)

생파두스
퍼피

천연 소재가 지닌 부드러움과 맑고 밝은 색감이 조화롭
게 어우러진 실입니다. 목사(초絲)의 색감을 살린 산뜻
한 옷이나 포인트 소품 등 폭넓게 사용할 수 있습니다.
Data
식물 섬유(헴프) 50%·아크릴 50%, 색상 수／8,
1볼／40g·약 105m, 실 종류／합태, 권장 바늘／4~
6호(대바늘)·4/0~5/0호(코바늘)
Designer's Voice
산뜻한 마 혼방사입니다. 뜨기 좋은 굵기이므로 다소
로 게이지(Low gauge, 콧수가 적은 뜨개코)로 떠도
탄력이 있어 늘어지지 않아요. 뜨개코에 크게 신경 쓰
지 않아도 되니 초심자에게도 추천합니다. (가제코보)

프로방스 시리즈
퐁뒤가르(Pont du Gard)
고쇼산업 게이토피에로

유연하고 고급스러운 광택을 가진 최고급 프렌치 리넨
100% 실. 사용하고 세탁하면서 더욱 부드러워지고
표정이 달라지므로 시간이 지날수록 멋스러워집니다.
흰색이 섞인, 서리가 내린 듯한 멜란지 컬러는 부드럽
고 그윽한 아름다움이 있어 청량감 넘치는 옷에 제격
입니다.

Data
마(프렌치 리넨) 100%, 색상 수／4, 1볼／40g·약
161m, 실 종류／합세~중세, 권장 바늘／2~3호(대
바늘)·2/0~3/0호(코바늘)

Designer's Voice
리넨다운 청량감이 느껴집니다. 가늘지만 가볍고 안정
된 뜨개바탕을 만들 수 있습니다. 예쁜 멜란지 컬러라
서 여름 소품에도 좋습니다. (오쿠즈미 레이코)

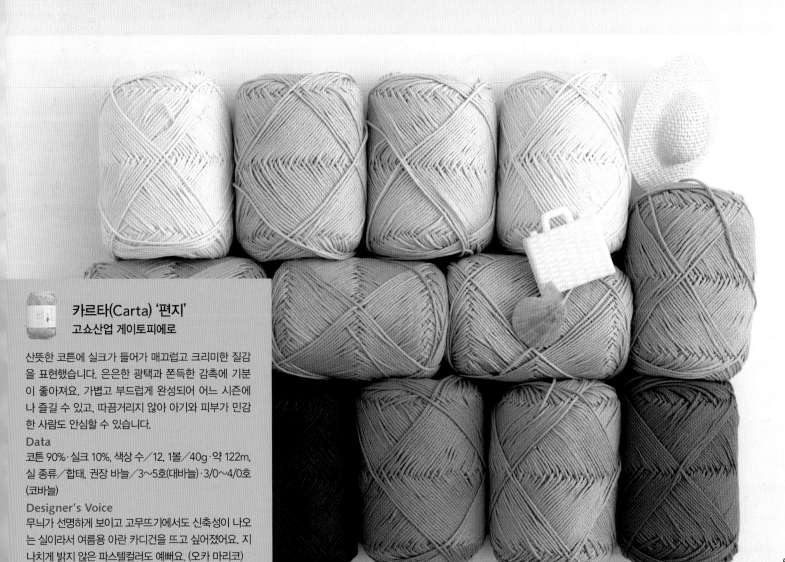

카르타(Carta) '편지'
고쇼산업 게이토피에로

산뜻한 코튼에 실크가 들어가 매끄럽고 크리미한 질감
을 표현했습니다. 은은한 광택과 쫀득한 감촉에 기분
이 좋아져요. 가볍고 부드럽게 완성되어 어느 시즌에
나 즐길 수 있고, 따끔거리지 않아 아기와 피부가 민감
한 사람도 안심할 수 있습니다.

Data
코튼 90%·실크 10%, 색상 수／12, 1볼／40g·약 122m,
실 종류／합태, 권장 바늘／3~5호(대바늘)·3/0~4/0호
(코바늘)

Designer's Voice
무늬가 선명하게 보이고 고무뜨기에서도 신축성이 나오
는 실이라서 여름용 아란 카디건을 뜨고 싶어졌어요. 지
나치게 밝지 않은 파스텔컬러도 예뻐요. (오카 마리코)

전문가 추천!
여름에 뜨기 좋은 뜨개실

야나, 리네아, 뜨개머리앤, 브랜드얀에서 제안하는 올 여름에 쓰기 좋은 실

취재 : 정인경 / 사진 : 김태훈

야나
추천

올리오
(Olio)
야나

유연하면서도 탄탄한 형태감으로 소품을 뜨기 좋은 올리오. 올리오의 핵심 성분인 큐프라(cupra) 섬유는 고급 양복 안감이나 여성용 속옷에 쓰일 정도로 부들부들한 촉감의 환경 친화적 소재예요. 고급스러운 광택이 돌아 세련된 작품을 만들 수 있답니다. 매끄러운 텍스처로 손 쓰림 없이 뜨개를 즐길 수 있으니 다양한 작품을 만들어보세요.

Data
큐프라 50%／아크릴 30%／폴리아마이드 20%, 색상 수／70 .실 중량／70g, 실 길이／150m, 권장 바늘／3～3.5mm(대바늘), 4～5호(코바늘)

이렇게 써봐요!
베이직 컬러부터 비비드 컬러까지 선명하고 다채로운 컬러와 탄탄한 조직감이 매력적인 실이라 가방이나 모자, 소품을 뜨기 좋아요.

코튼크림
(Cotton Cream)
야나

100% 코튼 소재의 실인데도 쌩쌩한 느낌의 일반 면사와는 달리 자극 없는 실키한 느낌과 부드러움, 가벼움이 특징입니다. 작품을 완성하면 차르르 흐르는 텍스처와 조직감을 느낄 수 있어요. 적당한 두께감으로 완성되기 때문에 의류 뜨기에 최적화되어 있답니다. 탄성이 없으며 유연하게 꼬임이 있는 형태라 뜨개를 할 때 손에 무리가 가지 않는다는 장점이 있어요!

Data
코튼 100%, 색상 수／20, 실 중량／70g, 실 길이／00, 권장 바늘／3～4mm(대바늘), 3～5호(코바늘)

이렇게 써봐요!
맨살에 닿아도 부드러운 촉감이라 의류를 뜰 때 가장 빛나요. 파스텔톤의 색상이 서로 잘 어울리니 좋아하는 색을 골라 배색 니트를 떠보는 것은 어떨까요?

틴리네
(Tynn Line)
산네스 간

노르웨이의 명품 실 브랜드 산네스 간의 대표적인 여름 실. 풍부하고 마일드한 컬러 팔레트가 부담스럽지 않고 면과 비스코스, 린넨 혼방으로 가볍고 시원해요. 코바늘과 대바늘 모두 쓸 수 있는 활용도 높은 실이니, 봄여름 니트와 소품을 다양하게 만들어보세요.

Data
면 53%·비스코스 33%·린넨 14%, 색상 수／21색, 실 중량／50g, 실 길이／220m, 권장 바늘／3mm(대바늘)

이렇게 써봐요!
부드럽고 찰랑거리는 재질이 의류를 뜨기 딱 좋아요. 아이를 위한 베스트나 원피스, 멋진 홈 웨어를 떠보세요.

리네아 추천

레터
(Letter)
리네아

부드럽고 가벼운 무광택 종이 실. 컬러 장인 리네아답게 수채화 같은 색감이 특징입니다. 가벼운 펄프 소재라 봄부터 가을까지 부담 없이 데일리로 사용하기 좋은 소품실이에요. 도톰하고 부드러워서 모자, 가방, 지갑 등 다양한 작품을 쉽게 만들 수 있답니다. 단독으로 사용해도 좋고 배색을 해도 잘 어울리는 색상이라 어떤 색을 골라도 멋진 작품을 만들 수 있어요.

Data
종이 100%, 색상 수／15색, 실 중량／40g, 실 길이／95m, 권장 바늘／6～7호(코바늘)

이렇게 써봐요!
종이 실만이 주는 감성을 듬뿍 담아 가방을 떠봐요. 가벼운 소재감을 살려서 여름 네트백을 떠보는 건 어떨까요?

네추라 린넨
(Natura Linen)
DMC

나폴레옹보다도 먼저 태어난, 세상에서 가장 오래된 실회사 DMC. 우리나라에서는 자수 실 브랜드로 더 잘 알려져 있지만, 퀄리티 높은 뜨개 실도 다량 보유하고 있답니다. DMC의 네추라 시리즈 중 린넨 소재의 네추라 린넨은 은은한 광택감과 린넨의 내추럴함이 느껴지는 뜨개 실입니다. 거기에 프랑스 특유의 경쾌한 컬러감이 더해지니 팬시한 느낌으로 완성할 수 있어요.

Data
린넨 58%·비스코스 26%·면 16%, 색상 수／12, 실 중량／50g, 실 길이／150m, 권장 바늘／3.5mm(대바늘), 5호(코바늘)

이렇게 써봐요!
DMC의 다양한 의류 도안을 이용해 고급스러운 여름 의류를 떠보는 건 어떨까요? 올 여름 정성 들여 뜰 작품을 찾고 있다면 이 실을 추천해요!

뜨개머리앤
추천

노바비타4
(Nova vita 4)
DMC

지속가능한 환경과 미래를 생각하며 재생 면을 사용해 만든 실입니다. 유럽에서 의류를 만들고 남은 원단을 이용하여 만들어요. 뜨개실 라벨에는 데이지 꽃씨가 숨겨져 있어, 예쁜 데이지 꽃을 피워보는 즐거움도 느낄 수 있답니다. 뜨개 외에도 생명과 공존을 함께 생각해보자는 브랜드의 가치관이 담겨 있어요.

Data
리사이클드 코튼 80%·폴리에스터 20%, 색상 수／24, 실 중량／250g, 실 길이／200m, 권장 바늘／5mm(대바늘), 7호(코바늘)

이렇게 써봐요!
가방을 뜨기 딱 좋은 두께감과 탄탄한 조직감이 조화를 이룬 실이기에 편하게 들 수 있는 가방을 떠보는 걸 추천해요.

모이
(moi)

란카바

란카바와 핀란드 크로셰 패턴 디자이너이자 작가인 몰라 밀스가 협력하여 만든 리사이클 에코 면사입니다. 친환경 공예 소재와 재활용 면으로 만들어졌으며 너무 두껍지도 얇지도 않은 3mm의 적당한 두께로 러그나 매트, 코바늘 뜨개질 바구니, 가방 및 포인트 공예품 등 다양한 소품 제작에 적합한 실이에요. 체인 형태의 꼬임으로 실 걸림이 적어 초보자도 쉽고 빠르게 뜨개를 할 수 있는 실이랍니다.

Data
리사이클드 코튼 80%·폴리에스터 20%, 색상 수／15, 실 중량／500g, 실 길이／300m, 권장 바늘／4~6mm(대바늘) 7~10호(코바늘)

이렇게 써봐요!
독특한 색상과 꼬임이 멋진 실이에요. 별 다른 기법을 사용하지 않아도 멋진 러그나 매트를 완성할 수 있답니다.

브랜드얀
추천

브리즈
(Breeze)

연일섬유

싱그러운 바람을 담은 머서라이즈드 코튼 레이스 얀 (Lace yarn) 브리즈. 레이스 얀은 크로셰와 니티드 레이스 전용실을 의미합니다. 레이스 얀으로 만든 테이블 세팅용 작은 깔개가 바로 도일리이지요. 연일에서도 도일리에 최적화된 레이스 얀을 선보입니다. 싱그러운 바람의 느낌을 색상과 감촉에 그대로 녹여낸 레이스 얀 브리즈로 가벼운 봄,여름 옷과 소품 등을 만들어보세요.

Data
머서라이즈드 코튼 100%, 색상 수／46색, 실 중량／50g(39~46번 나염 컬러는 40g), 실 길이／375m(나염 컬러는 300m), 권장 바늘／0.75~1.25mm(대바늘), 레이스 4호(코바늘)

이렇게 써봐요!
은은한 색상과 광택감을 살려 멋진 도일리를 만들면 좋겠어요. 평소 눈여겨 보았던 커다란 레이스 테이블보에 도전해보는 건 어떨까요?

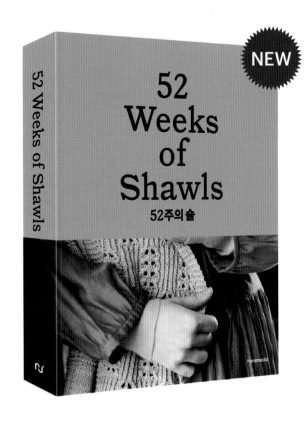

NEW

52 Weeks of Shawls
52주의 숄

레인 저 | 조진경 역 | 33,000원 | 272쪽

사계절 내내 즐기는 아름다운 손뜨개 스카프
지금 뜨고 싶은 멋진 숄과 스카프 52장

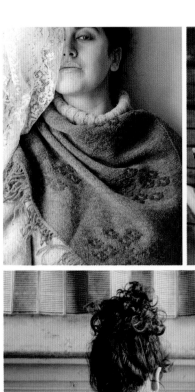

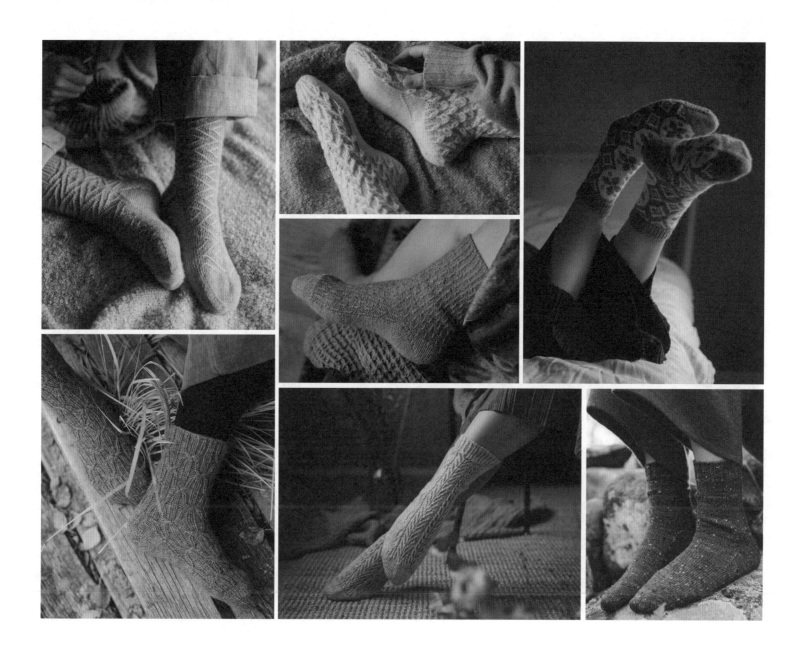

52 Weeks of Socks
52주의 뜨개 양말

레인 저 | 서효령 역 | 29,800원 | 256쪽

한 주에 한 켤레씩, 사계절 손뜨개 양말
북유럽 감성이 가득한 52켤레의 뜨개 양말

Yarn World

여성 잡지에 실린 조화 재료점 광고.

《편물강습록》(편물연구회)에 실린 털실 가게 광고.

구라모치 본점에서 판매하고
있는 상품 카탈로그.

수예 재료 세트와 도구를 함께 소개한
마루타케 본점의 《수예 상품 정보》.

기타가와 게이(北川ケイ)

일본 근대 서양 기예사 연구가. 일본 근대 수예가의 기
술력과 열정에 매료되어 연구에 매진하고 있다. 공익
재단법인 일본수예보급협회 레이스 사범. 일반사단법
인 이로도리 레이스 자료실 대표. 유자와야 예술학원
가마타교·우라와교 레이스 뜨기 강사. 이로도리 레이
스 자료실을 가나가와현 유가와라에서 운영하고 있다.
http://blog.livedoor.jp/keikeidaredemo

신여성의 수예 세계로 타임슬립!
수예점 창업

장기전에 접어든 코로나19로 일상생활에 변화가 많아졌습니
다. 불필요한 외출을 자제하고 집에서 장을 보는 인터넷 쇼핑
은 없어서는 안 되는 존재가 되었지요. 수예 관련 인터넷 쇼
핑도 그중 하나입니다. 모니터에 나열된 상품은 보기만 해도
즐겁습니다. 수예점은 사실 지진이나 자연재해 때마다 큰 변
화를 겪어왔습니다.

1886년에 뜨개 꽃과 손뜨개가 유행하면서 실 도매상에 면실
(연습용 면 소재의 털실), 일본에서 다시 염색한 실 같은 신
제품이 늘었다는 당시 신문 기사를 찾아볼 수 있습니다. 러
일전쟁(1904) 후 개선 행진 장식에 쓰인 조화(造花)의 인기
에 편승한 수예가도 있었습니다. 여자고등학교를 졸업한 기
혼 여성이 조화 전문점 광고를 여러 신문에 실으면서 유행을
선도했다고 합니다. 1차 세계대전 후 손뜨개 황금기에는 외
국의 세련된 디자인 스웨터 뜨기가 널리 퍼지고, 국내외 털
실 취급점이 늘었습니다.

조화, 일본 자수, 손뜨개, 모자이크 공예가 일반적이었지만,
관동대지진(1923) 후에는 국내외에 다양한 수예가 보급되면
서 프랑스 자수, 리본 자수, 염색, 태팅 레이스(Tatting lace)
수요가 급증했습니다. 각 지역의 초등학교 옆에 문방구가 있
듯이 여학교 옆에는 반드시 수예점이 있었다고 합니다.

가게를 성공으로 이끄는 비결을 다룬 〈주부의 벗〉(1925) 기
사를 소개합니다. ① 개점 시기는 신학기가 시작되는 3월과
4월이 좋다. ② 가게 위치는 여학교, 초등학교 근처를 추천한
다. ③ 가게 구조는 좁을수록 상품이 많아 보인다. ④ 학교 수
예 담당 교사에게 카탈로그나 견본을 보여주며 조언을 구하
고 필요한 양만 매입한다. 그 동네에서 유행하는 수예 재료
도 구비한다. ⑤ 광고·홍보는 1년에 3번, 즉 세일, 성수기, 재
고 정리 시 한다. 주 2회 강습도 홍보 역할을 한다. ⑥ 수강생
에게 상품 할인 같은 혜택을 준다. ⑦ 적극적인 방문 판매로
판로를 확장해 부업하는 가정을 늘린다. ⑧ 햇볕에 변색되거
나 좀이 슬지 않도록 상품을 관리한다. ⑨ 점원은 친절하고
수예에 조예가 깊은 기혼자를 고른다.

언급한 조건을 만족하는 대리점으로는 지금도 영업하고 있
는 교바시 에치젠야를 비롯해 니혼바시 이토 보탄점, 혼고 구
라모치 본점, 간다 노무라 상점을 꼽았습니다. 예나 지금이
나 상품은 물론 수예에 조예가 깊은 점원과의 커뮤니케이션
이 가게 성공의 포인트입니다.

이거 진짜 대단해요! 뜨개 기호
2코 모아 안뜨기 문제 【대바늘뜨기】

여러분, 뜨개질하고 있나요? 뜨개 기호를 아주 좋아하는 뜨개남(아미모노)입니다. 여름호네요. 낮 기온이 점점 오르면서 손뜨개에서 마음이 멀어지는 분들이 많을 텐데, 이런 분들을 붙잡아주는 게 이번 여름호를 읽는 여러분의 사명입니다. "여름에 뜨기 시작했더니 입기 딱 좋은 시기에 완성되더라!?"라는 말로 설득을 부탁합니다.

이번에는 대바늘뜨기 '2코 모아뜨기'를 다룹니다. 전통적인 직조 기법에 한 획을 그은 기법이 성형뜨기인데, 모양을 만들면서 떠가는 성형뜨기에서 중요한 기법은 줄임코입니다. 여러분은 자연스럽게 성형뜨기를 하고 있지만, 옷감을 마름질하는 일이 당연하던 시절에는 획기적인 기술이었답니다.

2코 모아뜨기 기호는 '오른코 겹쳐', '왼코 겹쳐'처럼 코 모양이 직관적이라서 비교적 알기 쉽습니다. 하지만 안뜨기 기호는… 많은 뜨개 도안이 겉면을 보며 뜰 때의 기호를 다루고 있어 뜨는 법을 잊기 쉽습니다.

왼코 겹쳐 2코 모아 안뜨기는 2코를 한 번에 안뜨기하면 되는데 문제는 '오른코 겹쳐 2코 모아뜨기'입니다. 왼쪽 그림에서처럼 오른코 겹쳐 2코 모아 안뜨기는 코를 바꿔 끼워야 합니다. 무슨 일이 있어도 말이죠. 이 과정을 거쳐야만 안면에서 봐도 겉면에서 봐도 오른코 겹쳐 2코 모아뜨기를 완성할 수 있습니다.

오른코 겹쳐 2코 모아뜨기는 '뜨지 않고 오른바늘에 옮긴 코를 다음에 뜬 코에 덮어씌우면' 되지만 이 방법을 안뜨기에 적용하면 어이없게도 '왼코 겹쳐' 2코 모아뜨기가 됩니다! 이 사실을 알았을 때 한동안 밥이 목구멍으로 넘어가지 않더군요. 그러니 코를 바꿔 끼워야 합니다. 부디 '오른코 겹쳐 2코 모아 안뜨기'를 조심하세요.

이런 문제는 손뜨개 기초 책에서 친절하게 다루고 있으니 확인해보면 되지만 자주 사용하는 기법이므로 확실하게 기억해두세요. 모아뜨기는 이번 기사로 끝나지만 좀 더 골치 아픈(?) 존재가 있는데 '3코 모아 안뜨기'입니다. 앞으로 연구해보고 여러분에게 소개할 날이 오기를 바랍니다.

대단해요! 뜨개 기호 **1번째** 겉뜨기는 알기 쉽다, 기호대로 뜨자!

 오른코 겹쳐 2코 모아뜨기

1 첫 코를 오른바늘로 옮기고 2번째 코는 겉뜨기해 옮긴 코를 덮어씌운다.

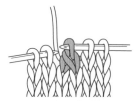
2 오른코 겹쳐 2코 모아뜨기를 완성했다.

 왼코 겹쳐 2코 모아뜨기

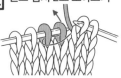
1 2코의 왼쪽에서 화살표 방향으로 한꺼번에 바늘을 넣는다.

2 왼코 겹쳐 2코 모아뜨기를 완성했다.

대단해요! 뜨개 기호 **2번째** 안뜨기를 주의, 특히 오른코를!

 오른코 겹쳐 2코 모아 안뜨기

1 화살표 방향으로 오른바늘을 넣어 옮긴다.

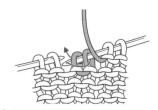
2 화살표 방향으로 바늘을 넣어 코를 왼바늘로 돌려놓는다. 코 순서가 바뀌었다.

3 2코를 한꺼번에 안뜨기한다.

3 2코를 한꺼번에 안뜨기한다.

4 오른코 겹쳐 2코 모아 안뜨기를 완성했다. 겉면에서 봐도 오른코 겹쳐 2코 모아뜨기다.

코를 바꿔 끼우는 건가…

 왼코 겹쳐 2코 모아 안뜨기

1 2코에 화살표처럼 오른쪽에서 한꺼번에 오른바늘을 넣는다.

2 왼코 겹쳐 2코 모아 안뜨기를 완성했다. 겉면에서 봐도 왼코 겹쳐 2코 모아뜨기다.

뜨개남의 한마디
안뜨기는 참 복잡합니다. 저도 틀리지 않도록 여러 번 확인하면서 기사를 썼습니다. '코 바꿔 끼우기'가 별거 아닌 기술 같지만, 그 효과는 작지 않습니다. 역시 손뜨개의 세계는 심오해서 즐겁습니다.

(뜨개남의 SNS도 매일 업로드 중!)
http://twitter.com/nv_amimono
www.facebook.com/nihonvogue.knit
www.instagram.com/amimonojapan

이제 와 물어보기 애매한!?
자투리 실 활용 아이디어 '코바늘뜨기 편'

2022년 여름호에서 호평받은 자투리 털실 활용법. 이번에는 코바늘뜨기에 활용하는 방법을 소개합니다.
실이 좋아서 자투리 실도 못 버리겠다는 분들, 실을 감상만 하지 말고 무언가 만들어보세요.

촬영/모리야 노리아키

1 모티브 잇기

모티브 잇기는 자투리 실 활용에 안성맞춤인 테크닉입니다.
1장만 떠도 멋진 요소가 되니 어떤 모티브든 떠보기를 추천합니다.

> **실이 많이 남았다면…**
> 먼저 기본으로 삼을 모티브 하나를 정하고
> 실이 남을 때마다 떠도 좋지만
> 색을 맞춰서 제대로 된 작품을 완성하고 싶다면
> 모티브 1장을 뜨는 데 필요한 실의 양을 재서
> 계획적으로 허투루 버리는 실 없이 어중간한 길이의 실을 소진합시다.

같은 종류의 합태사가 있습니다. 쓰고 남은 어중간한 양이지만 목도리 1개 정도는 뜰 수 있는 양이지요. 이 실들로 배색 모티브 작품을 떠보겠습니다.

먼저 모티브 디자인을 정하고 샘플 뜨기를 합니다.

완성한 모티브를 모두 풉니다.

각 단에 사용한 실 길이를 잽니다.
1단 : 150cm, 2단 : 235cm
3단 : 355cm, 4단 : 470cm
5단: 310cm

사용한 실의 1볼 무게와 길이를 확인하고 실 1cm 무게를 계산합니다.
털실 1볼이 40g에 120m이니까
40g÷12,000cm=0.003333…g
이 실은 1cm에 0.00333g이네요. 이 무게를 기준으로 각 단을 뜨는 데 필요한 실 무게를 계산합니다.

1단 : 150cm×0.00333g≒0.5g
2단 : 235cm×0.00333g≒0.8g
3단 : 355cm×0.00333g≒1.2g
4단 : 470cm×0.00333g≒1.6g
5단 : 310cm×0.00333g≒1g

현재 가지고 있는 털실의 무게를 잽니다.

7

어느 색으로 몇 단을 뜰지 색을 배치하고 몇 장을 뜰 수 있는지 계산합니다. 이번에는 남은 양 순으로 배색을 했습니다.

1단 : A색 15g÷0.5g=30장
2단 : B색 21g÷0.8g≒26장
3단 : C색 28g÷1.2g≒23장
4단 : D색 57g÷1.6g≒35장
5단 : E색 22g÷1g=22장

가장 적은 장수가 5단의 22장이므로 이 털실로 뜰 수 있는 모티브는 22장이라는 것을 알 수 있습니다.

모티브 22장으로 목도리를 완성했습니다. 마지막 단의 뜨는 실이 여유가 거의 없어서 연결은 마지막 단에서 뜨면서 잇기를 했습니다. 남은 실의 양에 여유가 있다면 같은 색으로 감아 잇기를 하는 방법도 있으니 아이템에 맞춰서 활용해보세요.
How to make→P.178

이번에는 남은 양이 많은 실로 테두리뜨기를 하고 프린지를 달았습니다. 남은 양이 많을 때 어떻게 쓸지 생각해보는 것도 즐겁네요. 뜰 수 있는 모티브 장수에 따라 아이템을 정하면 버리는 실 없이 알뜰하게 쓸 수 있을 겁니다.

짧은 실이 많다면…

큰 모티브를 뜨기에는 모자란 자투리 실이 많다면 모티브의 첫 단을 추천합니다.

애매한 길이라도 길이는 제각각입니다.

패턴집을 참고해 어떤 모티브를 떠야 마지막까지 실을 알뜰하게 쓸지 찾는 것도 즐겁네요.

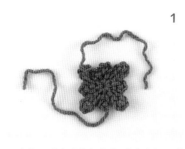

1

중세사로 생각해봤습니다. 패턴집을 보면서 첫 단에 어느 정도 실이 필요한지 샘플을 만듭니다.

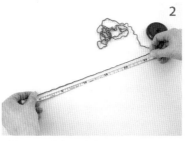

2

실을 풀고 길이를 잽니다. 이 모티브 첫 단에 사용한 실 길이는 120cm였습니다.

3

자투리 실 더미에서 120cm가 넘는 중세사를 찾았습니다.

4

가능하면 분위기가 비슷한 실을 고르세요. 잘 어울리지 않는 실을 무리하게 넣지 않는 편이 작품을 완성했을 때 짜깁기한 느낌이 나지 않습니다.

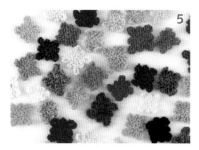

5

첫 단을 뜨고 보니 실의 굵기가 달라 크기가 다르기도 하지만, 2단을 뜨면서 연결할 때 같은 크기의 모티브가 한쪽에 몰리지 않도록 배치하면 통일감 있는 멋진 작품을 완성할 수 있을 겁니다.

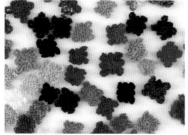

6

120cm가 되지 않아도 자투리 실로 뜰 수 있는 만큼 모티브를 떠도 좋겠지요. 흰색 계열의 여름 실이 몇 종류 남아서 1단짜리 모티브를 떴습니다.

7

다른 타입의 비슷한 색실을 모아서 떠도 훌륭한 작품이 됩니다. 5와 다른 모티브를 떴습니다.

흰색 계열로 모티브를 많이 떠놓았다가 큼지막한 무릎담요로 완성했습니다. 완성한 모티브 장수에 따라 어떤 아이템을 만들 수 있는지 생각해보세요.
How to make→P.178

블루와 핑크 계열 실로 뜬 모티브가 50장 있어서 5×10열 넥워머를 완성했습니다. 앞단 부분에 테두리뜨기를 더해 크기를 조정했습니다.
How to make→P.179

빨강·노랑·초록 계열로 뜬 모티브가 42장 있어서 2×21열 미니 목도리를 완성했습니다.
How to make→P.179

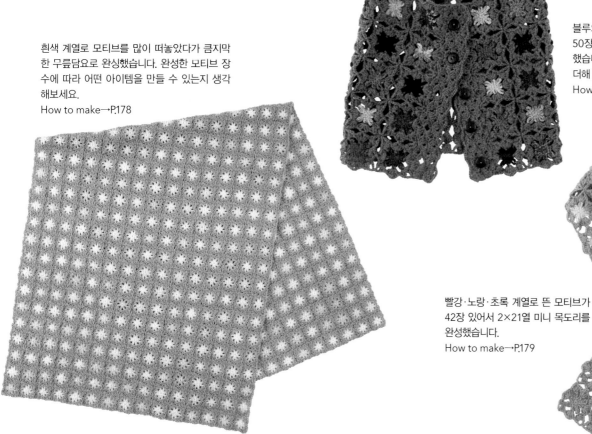

2 짧은뜨기

짧은 실로도 뭔가 할 수 있다! 1m가 안 되는 짧은 실이 많다면 누가 뭐라 해도 짧은뜨기가 든든한 힘이 됩니다.
짧은 길이를 즐기기 위해서 이번에도 몇 센티 실로 몇 코를 뜰 수 있는지 조사했습니다.

합태사~병태사로 생각해봤습니다. 1m짜리 털실로 짧은뜨기합니다.

꼬리실을 2~3cm 남겨둡니다. 1m로 28코를 떴습니다.

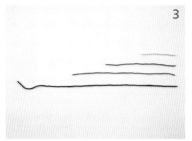

50cm, 30cm, 20cm, 10cm짜리 실로도 몇 코를 뜰 수 있는지 시험해보세요.

50cm로 12코, 30cm로 7코, 20cm로 4코, 10cm로는 아슬아슬하게 1코를 떴습니다. 그러면 이것을 활용해 작품을 만들어보겠습니다.

50cm가 넘는 실을 사용해 가로로 걸치는 배색무늬뜨기

50cm가 넘으면 12코 이상 뜰 수 있는 것을 확인했으니 무작위로 가로로 걸치는 배색무늬를 떠봅시다!
바탕실을 감아 뜨면서 마음에 드는 곳에 자투리 실로 무늬를 넣으면 되니 자유도가 높은 작품을 뜰 수 있습니다.
가로로 걸치는 배색무늬뜨기는 왕복뜨기지만, 평뜨기나 원형뜨기를 해도 되니 아이템에 따라 적절한 방법으로 떠보세요.

꼬리실을 2cm 남짓 남기고 색을 바꾸는 1코 앞의 마지막 빼내기를 할 때 배색실로 바꿉니다.

바탕실과 배색실의 꼬리실 아래에서 바늘을 꺼내고 감아 뜨면서 짧은뜨기합니다.

배색실로 여러 단 뜰 수 있는 콧수만큼 뜹니다.

바탕실로 돌아올 때는 1코 앞코 짧은뜨기에서 배색실을 걸면서 건 다음 바탕실을 빼냅니다.

안면을 보고 뜨는 단에서 실을 바꿀 때는 바깥쪽에서 안쪽으로 실을 걸어 빼냅니다. 2~4와 같은 요령으로 뜹니다.

배색실을 다 쓰면 그곳에서 바탕실로 바꾸거나 다음 배색실로 바꾸고 꼬리실은 그대로 감아 뜹니다.

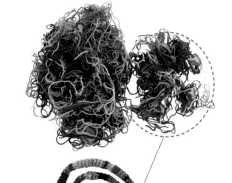
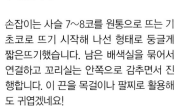

실제로 완성한 작품입니다. 두 작품 모두 왕복 원형뜨기를 했습니다. 바탕실로 뜨는 중간중간 다른 배색실을 넣어 무작위로 무늬를 뜨거나 위치를 정하고 그곳에서는 배색실을 연결하면서 배치를 자유롭게 바꿀 수 있습니다.

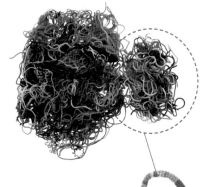

손잡이는 사슬 7~8코를 원통으로 뜨는 기초코로 뜨기 시작해 나선 형태로 둥글게 짧은뜨기했습니다. 남은 배색실을 묶어서 연결하고 꼬리실은 안쪽으로 감추면서 진행합니다. 이 끈을 목걸이나 팔찌로 활용해도 귀엽겠네요!

20~30cm 실은 꼬리실도 그대로

몇 코밖에 뜨지 못하는 20~30cm 실은 실 정리를 하지 않고 그대로 살리는 뜨개바탕으로 연출해보겠습니다.
남은 꼬리실이 오히려 멋진 프린지 역할을 합니다!

꼬리실이 항상 안면에 오도록 반드시 한 방향으로 원형뜨기를 합니다. 다음 코를 뜰 수 없는 길이면 다른 실로 바꿉니다. 꼬리실은 그대로 둡니다.

같은 길이로 꼬리실을 남기고 실을 빼낸 다음 짧은뜨기합니다.

실을 바꾸는 시점은 짧은뜨기한 후나 미완성 짧은뜨기를 한 상태라도 좋으니 가능한 한 마지막까지 뜹니다.

다음 단을 모두 뜬 상태에서 앞단의 꼬리실을 당겨놓으면 실이 잘 빠지지 않습니다. 여름 실처럼 잘 미끄러지는 실은 단단하게 당깁니다.

짧은 실로 뜬 포셰트입니다. 안면을 겉으로 사용해 덥수룩한 질감을 전면에 내세웠습니다.

바탕실과 68페이지의 짧은뜨기 배색실을 교대로 뜬 포셰트입니다. 바탕실을 감싸 뜨면서 계속 이어진행했습니다.

안면

겉면

③ 그래도 남는 자투리 실 활용법

10cm도 안 되는 실은…

이 정도 되면 참 뜨기 힘든 길이입니다.
그래도 버리기 힘든 자투리 실은 손뜨개 인형이나 핀 쿠션의 채움실로 활용해보세요.
특히 울은 약간의 유분을 함유하고 있으므로
핀 쿠션의 채움실로 사용하면 녹 방지에 효과적이라고 합니다.
이렇게까지 하면 어중간한 실도 충분한 가치가 있으니 꼭 한번 해보세요!

10cm가 된다면 프린지로

짧은뜨기 1코는 할 수 있지만 무엇을 하려 해도 애매한 10cm 털실.
이런 실을 싹 모아서 프린지로 만들어보세요.
굵기가 제각각이라 쓸 데를 찾기 힘들었던 털실도
색만 어울리면 잘라서 프린지로 제격입니다!

여러분도 실을 버리지 못하는 몸으로…!

가방 입구, 목도리나 넥워머 테두리 장식으로 프린지를 달았습니다. 자투리 털실이 컬러풀하므로 본체는 심플한 디자인이 어울립니다.

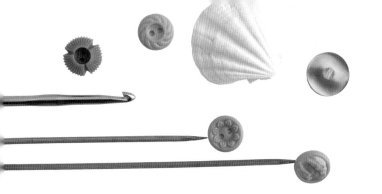

Let's Knit in English!
니시무라 도모코의 영어로 뜨자

계절에 상관없이 뜨고 싶은 '링뜨기'

photograph Toshikatsu Watanabe styling Terumi Inoue

자주 사용하는 손뜨개 용어

약어	영어 원어	우리말 풀이
LH	left hand	왼손
RH	right hand	오른손
prev	previous	앞의
rep	repeat	반복, 반복한다

〈Pattern A〉 Loop Stitch (using crochet hook)

Chain any number of stitches. Turn.
Row 1 (RS) : Ch1. Sc into each st. Turn.
Row 2 (WS) : Ch1. *Insert hook into next st, then pull working yarn down to the back (to the RS) using your left middle finger and keep it this way (this becomes the loop) while working sc as usual. Remove middle finger from loop; rep from * to end.
Repeat last 2 rows.

〈무늬 A〉 링뜨기(코바늘뜨기)

기초코는 사슬코로 뜬다(콧수는 상관없다). 뜨개바탕을 뒤집는다.
1단(겉면) : 사슬 1코. 짧은뜨기를 1코씩 마지막까지 뜬다. 뜨개바탕을 뒤집는다.
2단(안면) : 사슬뜨기 1코. *바늘 끄트머리를 다음 코의 코머리 2가닥에 넣고, 왼손 중지로 실을 뜨개바탕의 바깥쪽(겉면)으로 잡아당겨서(이것이 링이 된다) 그대로 누른 채로 짧은뜨기한 다음, 왼손 중지를 고리에서 빼내기*, 끝까지 *_*을 반복한다.
1·2단을 반복한다.

〈Pattern B〉 Loop Stitch (using knitting needles)

CO any number of stitches.
Row 1 (WS) : K1, purl to last st, k1.
Row 2 (RS) : K1, *k1 but without dropping stitch off from LH needle, bring yarn to front and pull a length of working yarn down and hold using left middle finger or thumb, bring yarn to back and k1 (into st remaining on LH needle) off the needle, then pass the 2nd st on RH needle over the 1st st; rep from * to last st, k1.
Repeat last 2 rows.

〈무늬 B〉 링뜨기(대바늘뜨기)

기초코를 만든다(콧수는 상관없다).
1단(안면) : 겉뜨기 1코, 마지막 코 앞코까지 안뜨기, 마지막은 겉뜨기를 1코 뜬다.
2단(겉면) : 겉뜨기 1코, *겉뜨기 1코를 하는데 왼바늘에 코를 남긴 채 뜨는 실을 안쪽으로 옮기고, 실을 왼손 중지로 위에서 눌러 놓고 뜨개바탕 안쪽에서 중지 또는 엄지로 누른 채 실을 바깥쪽으로 옮겨(왼바늘에 남겨둔 코에) 겉뜨기를 1코 한다(왼바늘을 비운다). 오른바늘 2번째 코를 지금 뜬 첫 코에 덮어씌우기*, 마지막 앞코까지 *_*을 반복하고, 마지막은 겉뜨기를 1코 한다.
1·2단을 반복한다.

오랜만에 링뜨기를 했더니 예전에(손뜨개를 직업으로 삼기 전의 일) 링뜨기에 빠져 미니 목도리를 떠서 회사 여직원에게 선물한 일이 떠올랐습니다. 털실과 독특한 소재를 합사해 뜨면 개성이 두드러집니다.
가을·겨울 아이템에 자주 사용하는 '링뜨기'지만 소재를 바꾸기만 해도 계절에 상관없이 활용할 수 있다고 생각해 여름호에 소개하기로 했습니다. 우리말로는 '링뜨기', 영어로는 Loop Stitch라고 합니다. 코바늘로 뜨는 일반적인 링뜨기, 대바늘로 뜨는 링뜨기, 링뜨기와 분위기가 비슷한 퍼 스티치(Fur Stitch)를 함께 소개하겠습니다.
링뜨기는 링의 길이를 손가락에 거는 실로 조절하는데 무늬 C는 dc(=double crochet, 한길 긴뜨기)를 hdc(=half double crochet, 긴뜨기)와 trc(=treble crochet, 두길 긴뜨기)로 하거나 ch(=chain, 사슬) 콧수를 늘려서 뜨개바탕의 분위기를 바꿀 수 있습니다. 덧붙여 링뜨기할 때 잘 쓰지 않는 손가락도 사용하게 됩니다. 그래서 다섯 손가락의 영어 표현을 소개합니다. 자, 소품이나 포인트로 링뜨기를 해보면 어떨까 싶습니다.

엄지손가락 = Thumb
집게손가락 = Index finger
가운뎃손가락 = Middle finger
약손가락 = Ring finger
새끼손가락 = Pinky finger, Little finger

손뜨개 약어

코바늘뜨기

약어	영어 원어	우리말 풀이
—	back loop	(코머리) 바깥쪽 반 코
ch	chain	사슬뜨기, 사슬코
dc	double crochet	한길 긴뜨기, 한길 긴뜨기 코
sc	single crochet	짧은뜨기, 짧은뜨기 코
sl st	slip stitch	빼뜨기, 빼뜨기 코

대바늘뜨기

약어	영어 원어	우리말 풀이
CO	cast on	기초코
k	knit	겉뜨기, 겉뜨기 코
RS	right side	겉면
st(s)	stitch(es)	뜨개코, 코
WS	wrong side	안면

※무늬뜨기에 사용한 실 A : 다루마 리넨 라미코튼(병태, 2색을 1가닥씩 합사). B : DMC 울리 C : 리치모어 수빈골드

〈Pattern C〉Fur Stitch (using crochet hook)

Note : The remaining loop of the dc worked in the previous RS row becomes the back loop used in Row 3.
Chain any number of stitches.Turn.
Row 1 (RS) : Ch2. Dc across. Turn.
Row 2 (WS) : Ch1. Sl st in back loop of 1st dc, *ch7, push ch loop to RS, sl st into back loop of next dc; rep from * to end. Turn.
Row 3 : Ch2. Dc in back loop of prev dc to end of row.Turn.
Rep Rows 2 and 3.

〈무늬 C〉퍼 스티치(코바늘뜨기)

※3단째 바깥쪽 반 코는 앞앞단 겉면에서 뜬 한길 긴뜨기의 남은 반코를 가리킵니다.
기초코로 사슬뜨기한다(콧수는 상관없다). 뜨개바탕을 뒤집는다.
1단(겉면) : 사슬 2코. 한길 긴뜨기를 1코씩 마지막까지 뜬다. 뜨개바탕을 뒤집는다.
2단(안면) : 사슬 1코. 앞단의 첫 코 한길 긴뜨기의 바깥쪽 반 코에 빼뜨리고 * 사슬 7코를 뜨고 사슬코를 뜨개바탕 안면에 눌러서 다음 한길 긴뜨기의 바깥쪽 반 코에 빼뜨기*, 끝까지 *_*을 반복한다. 뜨개바탕을 뒤집는다.
3단 : 사슬 2코. 앞앞단 한길 긴뜨기의 뒤 반 코에 1코씩 한길 긴뜨기를 마지막까지 한다. 뜨개바탕을 뒤집는다.
2·3단을 반복한다.

니시무라 도모코(西村知子)

니트 디자이너. 공익재단법인 일본수예보급협회 손뜨개 사범. 보그학원 강좌 '영어로 뜨자'의 강사. 어린 시절 손뜨개와 영어를 만나서 학창 시절에는 손뜨개에 몰두했고, 사회인이 되어서는 영어와 관련된 일을 했다. 현재는 양쪽을 살려서 영문 패턴을 사용한 워크숍·통번역·집필 등 폭넓게 활동하고 있다. 저서로는 국내에 출간된《손뜨개 영문 패턴 핸드북》등이 있다.
Instagram : tette_knits

낮과 밤

사진·자료 제공 : 낙양모사

지난 5월의 공예 주간, 서촌의 무목적 갤러리에서 열리는 [낮과 밤] 전시를 보러 〈털실타래〉 편집부가 다녀왔습니다. 전통 있는 실 제조 업체 '낙양모사'가 주최한 이번 전시에서는 총 10명의 공예 작가님들이 낮과 밤을 각자만의 시선과 방식으로 그려낸 작품을 만날 수 있었습니다. 지면을 통해 〈털실타래〉 독자 여러분도 작가님들이 우리 곁에 가져다준 낮과 밤을 느껴보세요.

"누군가의 밤은 다른 이의 낮이고,
다른 이의 시작은 누군가의 마무리입니다.
찰나 속에 낮과 밤은 공존합니다.
시종을 모르게 흘러가는 순간들 중
우리가 포착하는 낮과 밤은 어떤 모습일까요?
우리는 그것을 어떻게 바라보고, 받아들이고 있을까요?"

낙양모사는 지난 몇 년 동안 작가님들과 함께 섬유 공예가 가야할 방향에 대해 여러 갈래로 고민하는 시간을 보냈습니다. 특별히 작년 한 해는 섬유를 넘어 다양한 분야의 공예 작가님들과 협업하면서, 그 고민들에 대한 나름의 답을 하나하나씩 시도해보기도 했습니다.

이번 기획전 [낮과 밤]은 예술성과 실용성을 동시에 담고 있는 공예품을 어떻게 하면 사람들의 보편적인 일상에 스며들게 할 수 있을지에 대한 고민에서 출발했습니다. 창작자들의 개성과 고민이 고스란히 녹아 있는 공예품들이 그저 예쁜 오브제, 감상의 대상, 혹은 전시장에서만 만나볼 수 있는 먼 존재로 여겨지는 것이 아쉬웠고, 이제는 그것들이 우리의 손이 닿는 범위에 있어야 할 때라는 생각이 들었습니다. 7명의 섬유 작가님들과 목공, 금속, 펄프 공예를 하시는 3명의 작가님이 낮과 밤을 개개인의 방식으로 풀어내 실생활에 사용할 수 있는 공예품으로 만들었습니다. 해당 전시는 올해 9월, 독일 베를린에서도 진행될 예정입니다.

참여 작가
김소연
김수연
김정우
룹
룻아뜰리에
박진희
소네뜨
아빌
조진현
펄피

시작과 흐름-아빌

[도어 벨] 누군가의 시작은 낮. 누군가의 시작은 밤.
각자 다른 시간과 색의 시작이라도 희망찬 시작을 바라는
의지를 응원하는 마음을 담았습니다.

[풍경] 바람의 속도에 따라 느리게 혹은 빠르게 바뀌는 낮
과 밤. 바쁘고 반복되는 일상 속 잠깐 동안 나를 되돌아보
며 쉬어가자는 마음을 담았습니다.

둥근 달 트레이-룻아뜰리에

굽이 있는 단단한 바닥 구조와 뜨개의 결합으로 견고함과 유연함을 담고 있는
둥근 달 트레이입니다. 캐스팅 기법을 통해 직접 개발한 밑받침에 코바늘 기법
으로 니팅한 수공예 작품입니다. 굽이 있는 구조로 보다 실용적이며, 2단으로
쌓아 수납이 가능합니다. 간결한 디자인에 뜨개의 보드라운 감성과 러프한 돌
질감이 만나 빈티지하면서도 담백한 분위기를 자아냅니다.

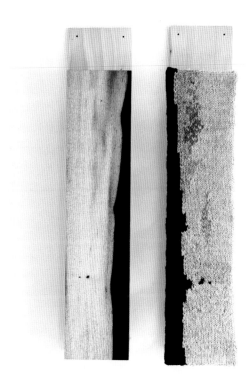

껍질(樹皮) : 고비-김정우, 김소연

방이나 마루의 벽에 걸어놓고 편지나 간단한 종이 말이 같은 것을 꽂아두는 실내용 세간.
낮과 밤처럼 대비되는 무늬의 먹감나무를 사용하여 만든 한국 전통 가구 고비입니다. 나무의 무늬를
뜨개로 표현하여 목재와 실, 상반되는 두 물성의 조화를 끌어냅니다.

밤벚꽃 (오브제 문진)-박진희

밤에 벚꽃을 보며 느꼈던 섬세한 감정들을 오브제 문진에 담았
습니다. 작은 꽃잎들이 어두운 밤의 색과 대비를 이루며 빛을
은은하게 반사하고, 조용히 바람에 흩날리는 모습은 시간이 멈
춘 듯한 느낌을 받게 합니다. 작고 둥근 문진 속에 찰나의 순간
을 담아 모두의 일상 속에 고요한 사색의 시간을 선사합니다.

Composure: handle basket–소네뜨

취향이 담긴 물건이나 바늘, 단추와 같은 소도구들을 담기에 좋은 바구니. 하루를 보내는 책상 위에는 좋아하고 아끼는 물건들이 가득합니다. 바쁘게 흘러가는 하루 중에서도, 좋아하는 귀걸이를 착용하거나 옷매무새를 가다듬는 작은 여유가 우리에겐 필요하지요.

Repetition: mobile–김소연

반복 속에서 생기는 힘은 무엇일까요. 지는 해에 걱정을 흘려보내고, 떠오르는 해 위에 소망을 올려놓고. 반복되는 출과 몰에 게으르지 않으면 끊임없이 찾아오는 연속적인 하루들을, 일주일을, 일년을, 일생을 살아갈 힘이 생길까요?

Nesting–조진현

"Nesting"은 가장 안전한 장소에 둥지를 트는 새의 몸짓을 형상화한 2단의 반짇고리 함입니다. 밤낮 없는 바느질의 시간이 지루하지 않고 행복하길, 일상의 순간에서 마주하는 화려한 새가 좋은 기운을 선사하며 따뜻한 위안으로 다가가기 바랍니다.

Day & Night 연필 꽂이–김정우, 김소연

낮과 밤의 풍경을 담은 꽂이입니다. 위에 나 있는 하나의 구멍에 가장 소중한 필기구 하나를 꽂아서 사용하거나, 몇 송이의 꽃을 꽂아 작은 화병으로 사용이 가능합니다.

Button sock pencil case—룹

양말은 하루의 시작과 마무리를 함께하는 요소입니다. 또한 좋아하는 컬러, 패턴으로 짜여진 양말은 하루를 더욱 명랑하게 만듭니다. Button sock pencil case는 일상을 함께하는 필기구를 위트 있게 수납할 수 있는 양말로, 한 짝의 양말에 연필, 펜 등의 필기구를 2~3자루 담을 수 있습니다.

Eternal bloom—조진현, 소네트

해는 뜨고 지고, 흐르는 시간 속에서도 시들지 않는 꽃이 존재한다면 이런 상상 속의 식물이 아닐까요? 언제 어디서나 초록의 순간을, 따사로운 순간을 느낄 수 있도록 여러 색을 담은 식물가지들. 식물도감에서 영감을 얻은 상상 속 식물들의 거친 가지를 금속으로 표현하고, 돋아나는 새싹과 꽃을 니트로 엮었습니다.

시로 트레이 Cirro tray—펄피, 룻아뜰리에

독특한 질감의 펄프 트레이 위 니팅 한 조각으로 하늘의 새털구름(Cirro)을 담아보았습니다. 러프하게 다져진 펄프 위에 자리한 모헤어 특유의 잔털감으로 청명한 하늘의 털실과 같은 새털구름을 회화적으로 표현하였습니다. 종이와 실의 조화로 특유의 포근함을 가진 다용도 트레이로, 종이 위에 그린 낮과 밤의 하늘을 당신의 시선이 닿는 곳에 간직해보세요.

마음의 정원 (밤)—김수연

우리는 매일 아침 일어나서 나갈 준비를 할 때, 그리고 잠들기 전 피로를 닦아낼 때 항상 거울과 마주합니다. 지친 일상을 치유할 마음의 정원이 얼굴 주변에 피는 모습을 생각하며 제작하였습니다. 낮에는 알록달록한 색의 꽃들로 기운을 얻고, 밤에는 차분한 톤의 풀들과 함께 차분한 밤이 되길 바랍니다.

배색무늬뜨기 여름 니트

펭귄 풀오버

보드라운 면실을 사용해 펭귄을 배색무늬로 떴
습니다. 레이어드하거나 단독으로 입으면서 오
랫동안 착용할 수 있습니다. 여름실을 가로로
걸치는 배색무늬뜨기는 실을 바꿀 때 코가 늘
어지기 쉬우므로 조금 쫀쫀하게 떠야 합니다.

Knitter／스즈키 기미코
glasses／글로브 스펙스 에이전트

여름실을 사용하는 것이 신선한 도카이 에리카의 배색무늬 니트.
시원해 보이는 펭귄들과 여름실 배색무늬뜨기 중
여러분의 취향은 어느 쪽인가요?
※76~77페이지에 소개한 작품은 도안을 싣지 않았습니다.

photograph Shigeki Nakashima styling Kuniko Okabe,Yuumi Sano
hair&make-up Daisuke Yamada model Emma Koyama(173cm)

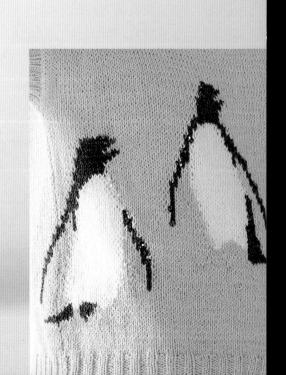

기하학 무늬 보더 베스트

색감이 아름다워서 모든 색을 사용해 심플한
기하학 무늬의 보더를 만들었습니다. 여기에
조금 변화를 주고 싶어서 중간중간 안뜨기로
입체감을 더했습니다. 가로로 실을 걸쳐 뜨고
사이즈도 넉넉한 편인데 완성한 작품이 가벼운
이유는 실 덕분입니다.

Knitter／가메다 아이

Enjoy Keito

Keito 추천 털실을 사용한 여름 아이템을 소개합니다.

photograph Hironori Handa   styling Masayo Akutsu   hair&make-up Yuri Arai   model Jane(173cm)

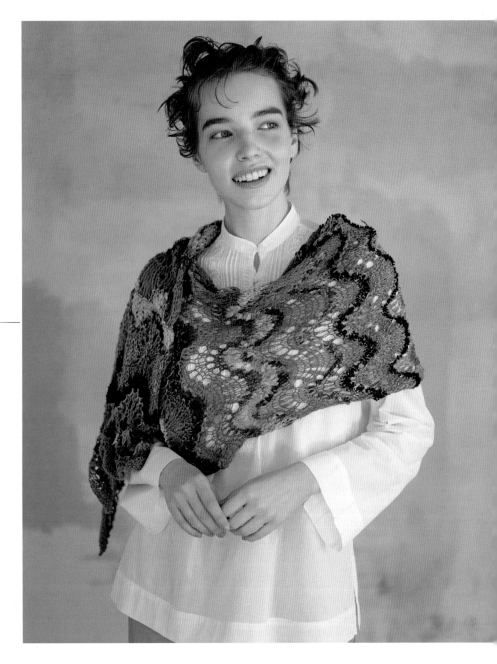

FEZA
Alp Dazzle
페자 앨프 대즐(왼쪽)

나일론 32%·아크릴 26%·비스코스 18%·울 14%·코튼 6%·루렉스(Lurex) 4%, 색상 수/14, 1타래/100g, 실 길이/약 190m, 실 종류/극태, 권장 바늘/대바늘 12~13호

Alp Natural
앨프 내추럴(오른쪽)

코튼 40%·레이온 30%·리넨 20%·실크 10%, 색상 수/13, 1타래/110g, 실 길이/약 210m, 실 종류/병태, 권장 바늘/대바늘 6~7호

둘 다 같은 색감의 다른 소재가 끊임없이 이어지는 매력적인 실입니다. 입고 시기에 따라 섞여 있는 실의 종류가 다른, 세상에 단 하나뿐인 실이랍니다.

웨이브 레이스 숄

물결무늬를 뜨면서 잇달아 바뀌는 소재를 즐길 수 있는 숄. 투명감 있는 시원한 아이템으로, 색상에 따라 분위기가 완전히 달라집니다.

Design／miu_seyarn
How to make／P.158
Yarn／페자 앨프 대즐, 앨프 내추럴

Blouse／하라주쿠 시카고 하라주쿠점
Pants／하라주쿠 시카고(하라주쿠/진구마에점)

saredo
RE re Ly
사레도 리리리

리사이클 코튼 100%, 색상 수/9, 1콘/100g, 실 길이/약 280m, 실 종류/합태, 권장 바늘/대바늘 3∼6호

일본의 방적 공장에서 생긴 솜 부스러기(미사용 섬유) 100%를 재생한 리사이클 코튼의 릴리얀. 'MADE IN JAPAN'의 친환경 리사이클 소재입니다.

비침무늬의 둥근 요크풀

보송보송한 코튼 소재로 심플한 비침무늬를 떠서 여름처럼 시원한 아이템으로 완성합니다. 취향에 따라 마지막에 프릴을 떠서 붙일 수도 있어요.

Design／Keito
Knitter／스토 데루요
How to make／P.156
Yarn／사레도 리리리

Pants／하라주쿠 시카고(하라주쿠/진구마에점)
Earring／산타모니카 하라주쿠점

에어 튈로 뜨는
외출용 가방

굵은 실이지만 숭덩숭덩 뜰 수 있어서 뜨개 가방으로 안성맞춤!
수고로움에 대한 부담이 없는 신소재로,
이번 여름에는 무엇을 떠볼까요?

photograph Shigeki Nakashima styling Kuniko Okabe,Yuumi Sano
hair&make-up Daisuke Yamada   model Emma Koyama

여름 필수템이라 할 수 있는 바구니 모양의 마르쉐
백. 여름 햇살에 빛나는 컬러풀한 배색이 매력이지
만 여름 소재로는 무겁게 느껴질 수 있지요. 하지만
그런 고민은 이제 에어 튈에게 맡겨주세요. 놀랄 만
큼 가벼운 데다가 콧수와 단수도 적어 금방 완성할
수 있답니다.

Design／고시젠 유카
How to make／P.160
Yarn／Joint 에어 튈

Glasses／글로브 스펙스 에이전트
Necklace／iyagemon

간편하고 캐주얼한 가방은 집 앞에 나갈 때 편하게
들 수 있는 원마일백으로도 제격입니다. 무게가 느
껴지지 않을 만큼 가벼워 산뜻한 기분으로 외출할
수 있답니다. 나일론 100%의 튈 소재만이 지닌 선
명한 색감과 매끄러운 촉감도 매력적이지요.

Design／고시젠 유카
How to make／P.159
Yarn／Joint 에어 튈

Let's Dye! 여러분도 손염색의 달인이 될 수 있어요
실을 직접 염색해서 떠보자

직접 실을 염색해보고 싶어도 어려울 것 같아 망설여왔던 모두를 위한 희소식!
따로 준비할 필요 없는 손염색 전용 실로 즐겁게 염색해보세요.

photograph Toshikatsu Watanabe,Noriaki Moriya(process) styling Terumi Inoue

감수 uraha

Design／uraha
How to make／P.162
Yarn／하마나카 itoa 손염색이 즐거워지는 실 코튼 중세

Tools & Materials | 도구 & 재료

도구	재료
• 대야(세숫대야 등) • 전자저울(0.5g 단위 표시) • 내열 용기(비커 또는 그릇) • 온도계 • 니트릴 장갑 • 비닐 끈 • 소스 통 • 작은 스프레이 • 배트(세로 327×가로 245×높이 48mm) • 철망(세로 305×가로 220mm) • 랩 • 전자레인지 **부자재** • 실감개 • 타래실 볼더(실 감는 도구) • 소독 티슈	**itoa 손염색이 즐거워지는 실** ①하마나카 코튼 중세 100g **실 염색용 염료** ②~⑦면·마·레이온용 액체 염료 베스트 컬러 미니(마쓰켄) **염료를 정착시키는 정착제** ⑧면·마·레이온용 정착제 베스트 픽스 미니(마쓰켄) **염색을 돕는 조제** ⑨면·마·레이온용 저온 염색 조제 베스트 콜드 미니(마쓰켄)

 ②
 ③
 ④
 ⑤
 ⑥
 ⑦
 ⑧
 ⑨

※더러워져도 상관없는 옷을 입고 작업합니다.
※염색한 실로 뜬 작품은 다른 세탁물과 분리해 세탁하세요.

투 톤 컬러 양말을 뜰 실을 염색해보자!

Step 1 | 타래실 100g을 70g과 30g으로 나눈다

실감개와 타래실 볼더를 사용한다면

1
전자저울에 타래실 볼더의 실패 부분을 올려놓고 무게를 잰 뒤 눈금을 0g으로 설정한다. 설정을 마치면 다시 타래실 볼더에 꽂아둔다.

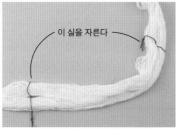

이 실을 자른다

※알아보기 쉽도록 실 색을 바꿨다.

2
꼬여 있는 타래실을 펼치고, 타래를 고정해 놓은 실을 자른 다음 실감개에 건다.

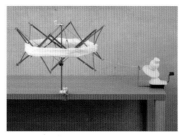

3
타래실 볼더로 실을 감는다. 160회 정도 감고 한 차례 실의 무게를 잰다.

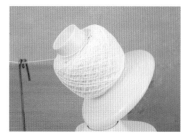

4
타래실 볼더에서 볼과 실패를 조심스럽게 빼낸다.

5
빼낸 볼과 실패를 저울에 올려놓고 무게를 잰다. 이때 실이 실패에서 빠지지 않도록 주의한다.

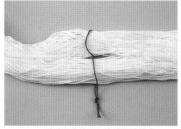

※알아보기 쉽도록 실 색을 바꿨다.

6
타래실 볼더로 30g을 감고 실을 자른다. 타래실은 엉키지 않도록 다른 실을 사용해 사진처럼 8자로 꼬아 묶어둔다.

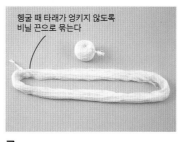

헹굴 때 타래가 엉키지 않도록 비닐 끈으로 묶는다

7
70g 타래와 30g 볼로 나눈 모습.

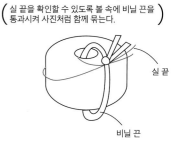

(실 끝을 확인할 수 있도록 볼 속에 비닐 끈을 통과시켜 사진처럼 함께 묶는다)

실 끝

비닐 끈

83

Step 2 | 그러데이션으로 실을 염색해보자

염료를 뿌려서 염색한다

1
대야나 세숫대야에 실이 잠길 정도의 물을 넣고, 실 전체를 고루 적신다.

2
실의 물기를 꽉 짜고 반으로 접어 배트에 올린 철망에 놓는다.

3
내열 용기에 60도 이상의 뜨거운 물을 넣고, 염료(베스트 컬러 미니)와 조제(베스트 콜드 미니)를 정량만큼 잘 섞는다(분량 →P.85).

4
3에서 만든 염액을 소스 통에 넣고 염색하려는 부분에 조금씩 뿌리면서 잘 주물러 염료가 실에 스며들게 한다.

5
연한 색에서 진한 색 순으로 뿌린다. 염료가 작업대에 묻었다면 소독 티슈로 닦아 지우면 된다.

6
3색 염료를 모두 뿌린 모습. 이 상태로 15분간 둔다. 점박이 무늬를 넣지 않는다면 30분간 둔다.

7
15분 뒤 점박이 무늬를 넣는다면 염료를 3의 요령으로 각각 만들고(분량→P.85), 스프레이 병에 넣어 분사한다.

8
군데군데 들어간 포인트 무늬 덕분에 더욱 깊이 있는 색감이 된다. 염료를 다 분사하면 그 상태로 15분간 둔다.

염료를 정착시킨다

1
60도 이상의 뜨거운 물에 정착제(베스트 픽스 미니)를 정량만큼 넣고 잘 섞는다(분량→P.85).

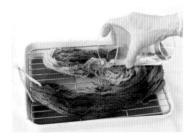

2
30분간 두었던 실에, 1을 고루 부어가며 잘 주무른다. 단, 염료를 분사한 부분은 주무르지 말고 위쪽에 붓기만 한다.

3
랩을 길게 자르고 그 위에 가볍게 물기를 짠 실을 올려놓는다. 사진처럼 길쭉하게 감싸고 끝부분부터 돌돌 만다.

4
랩으로 말끔하게 감싼 모습. 이 위에 한 번 더 랩을 감아 염료가 새지 않게 한다.

5
전자레인지(500W)에서 2분간 가열하고 꺼낸 다음 랩을 감은 상태로 식을 때까지 기다린다.

6
식으면 랩을 벗기고, 염색물이 나오지 않을 때까지 맑은 물로 충분히 헹군다.

7
헹구고 나면 물기를 꽉 짜서 통풍이 잘되는 그늘에서 말린다. 실이 완전히 마르면 완성이다.
※다 쓴 염료는 신문지와 함께 종량제봉투에 넣어 분리 배출한다.

Step 3 | 단색으로 실을 염색해보자

염료에 담가서 염색한다

1
대야나 세숫대야에 실이 잠길 정도의 물을 넣고 실 전체를 고루 적신다.

2
내열 그릇에 60도 이상의 뜨거운 물을 넣고, 염료(베스트 컬러 미니)와 조제(베스트 콜드 미니)를 섞는다. 분량은 아래의 표를 참고한다.

3
1에서 담가둔 실의 물기를 꽉 짜서 2에 넣는다.

4
볼의 형태가 일그러지지 않게 조심하면서 잘 주무르고 염료가 실에 스며들게 한다. 그대로 15분간 두었다가 볼을 뒤집어 한 번 더 주무르고 15분간 둔다.

염료를 정착시킨다

5
염액에서 꺼내 꽉 짠 뒤 60도 이상의 뜨거운 물과 정착제(베스트 픽스 미니)를 혼합한 용액을 실에 뿌리고 잘 주물러 15분간 둔다. 한 번 더 주무르고 15분 더 기다린다.

6
실의 물기를 가볍게 짜서 랩으로 두 번 감싸고 전자레인지(500W)에서 2분간 가열한다. 랩을 씌운 상태로 식을 때까지 둔다.

7
식으면 랩을 벗기고, 염색물이 나오지 않을 때까지 맑은 물로 충분히 헹군다. 헹구고 나면 꽉 짜서 통풍이 잘되는 그늘에서 말린다. 실이 완전히 마르면 완성이다.

8
단색실 30g을 만들었다.

파랑 계열 그러데이션(손염색실 70g) 본체 재료 사용량

구분	뜨거운 물	베스트 컬러 미니	베스트 콜드 미니	베스트 픽스 미니
옐로	100g	5g	10g	
아쿠아마린	100g	0.5g	1g	뜨거운 물 160g + 베스트 픽스 미니 12g
퍼플	100g	5g	10g	
↓스프레이용	–	–	–	
체리핑크	5g	1g	2g	
다크 브라운	5g	1g	2g	

※베스트 콜드 미니는 베스트 컬러 미니의 2배 분량이다.

빨강 계열 그러데이션(손염색실 100g) 재료 사용량

구분	뜨거운 물	베스트 컬러 미니	베스트 콜드 미니	베스트 픽스 미니
체리핑크	120g	4g	8g	
옐로	40g	2g	4g	뜨거운 물 160g + 베스트 픽스 미니 12g
퍼플	40g	2g	4g	
아쿠아마린	50g	0.5g	1g	
↓스프레이용	–	–	–	
네이비블루	–	2g	–	

※네이비블루는 무늬를 진하게 내기 위해 원액 그대로 사용한다.
※베스트 콜드 미니는 베스트 컬러 미니의 2배 분량이다.
※실에 색이 섞이는 모습을 즐기면서 좋아하는 색감으로 염색해보세요!

파란색(손염색실 30g) 발가락·발뒤꿈치·양말목 재료 사용량

구분	뜨거운 물	베스트 컬러 미니	베스트 콜드 미니	베스트 픽스 미니
아쿠아마린	160g	2g	4g	뜨거운 물 160g+ 베스트 픽스 미니 12g

※베스트 콜드 미니는 베스트 컬러 미니의 2배 분량이다.

하마나카 itoa 손염색이 즐거워지는 실 시리즈

에코안다리아
레이온 100%, 권장 바늘／코바늘 5/0~7/0호

리넨 병태
리넨 100%, 권장 바늘／코바늘 5/0호·대바늘 5~6호

리넨 중세
리넨 100%, 권장 바늘／코바늘 3/0호·대바늘 4호

코튼 병태
면 100%, 권장 바늘／코바늘 5/0호·대바늘 5~6호

코튼 중세
면 100%, 권장 바늘／코바늘 3/0호·대바늘 4호

이 실은 세탁과 유연 가공이 되어 있어 염료가 잘 정착되고, 물에 적시기만 해도 손쉽게 염색 공정을 즐길 수 있는 손염색 전용 실 시리즈입니다. 작품에 맞춰 마음에 드는 실을 선택해보세요.

http://hamanaka.co.jp

하야시 고토미의 Happy Knitting

Photograph Toshikatsu Watanabe, Noriaki Moriya(process) styling Terumi Inoue

한번 시도해보면 푹 빠지는 즐거움, 포르투갈 스타일 니팅

도쿄의 수입 서적 전문점에서 찾은 《포르투갈 스타일 손뜨개》. 과정 사진이 자세하고 여러 작품을 다루고 있다.

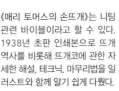

《매리 토머스의 손뜨개》는 니팅 관련 바이블이라고 할 수 있다. 1938년 초판 인쇄본으로 뜨개 역사를 비롯해 뜨개코에 관한 자세한 해설, 테크닉, 마무리법을 일러스트와 함께 알기 쉽게 다뤘다.

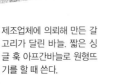

제조업체에 의뢰해 만든 갈고리가 달린 바늘. 짧은 싱글 훅 아프간바늘로 원형뜨기를 할 때 쓴다.

미국에서 판매하는 핀. 핸드 크래프트 쇼에서 자주 볼 수 있다.

안드레아가 안데스 지역에서 취재한 사진. 안데스 지방에는 아직 독특한 니트가 있다니 흥미롭다.

어깨에 핀을 달고, 뜨개질하는 안드레아. 핀 제작도 직접 한다.
www.craftsy.com/class/knit-faster-with-portuguese-knitting
www.craftsy.com/class/knit-faster-with-peruvian-knitting

대바늘뜨기에서 실을 잡는 방법은 오른손에 실을 잡는 영국(아메리칸) 스타일과 왼손에 실을 잡는 콘티넨털(프랑스식) 스타일이 있습니다. 포르투갈 스타일(포르투기니)은 그 어느 쪽도 아니라고 하니 상상이 안 되는 분들이 대부분일 겁니다. 몇 년 전에 《포르투갈 스타일 손뜨개》라는 책을 손뜨개 기법이 궁금해 구매했습니다. 포르투갈 스타일 니팅은 사진에서 보듯 실을 목에 걸고 뜹니다. 뜨는 법, 실 거는 법이 특징인 듯합니다. 조사를 해보니 안데스 지방 사람이 뜨는 사진과 방법이 같았습니다.

안데스 지방은 남아메리카의 페루입니다. 남아메리카는 포르투갈과 에스파냐의 식민지였으니 유럽에서 페루로 건너간 건지 아니면 페루에서 유럽으로 전파된 건지 궁금해 책을 읽어보니 페루가 식민지가 되면서 페루에 전해졌답니다. 갈고리가 달린 바늘로 떴다는 이 뜨개법은 《매리 토머스의 손뜨개》에도 소개됐는데 초기의 대바늘은 갈고리가 달려 있었다고 하네요. 이 책을 읽기 전부터 '대바늘에도 갈고리가 있으면 초심자도 쉽게 뜰 수 있을 텐데'라는 생각을 했는데 포르투갈 스타일 니팅을 접하고 옛사람도 저와 같은 생각을 했다는 사실이 기뻤습니다. 프랑스 남부 지방의 양치기들이 실을 핀에 걸고 왼손 엄지로 떴다는 내용도 책에 나옵니다. 왼손 엄지를 사용하고 실을 목에 걸거나 가슴에 핀을 달아서 실을 걸고 뜨는 방법은 《포르투갈 스타일 손뜨개》(→P.165)에서 찾아볼 수 있고, 포르투갈·스페인·그리스·이집트·터키·페루·불가리아에서도 쓰는 방법이라고 합니다.

실제로 이 방법으로 뜨다 보면 안뜨기 따위는 식은 죽 먹기입니다! 정말 간단해서 앞으로 가터뜨기는 안뜨기로만 하고 싶어진답니다. 《북유럽 스타일 손뜨개》에서 많은 니터가 안뜨기를 어렵게 생각한다고 썼는데 포르투갈 스타일 니팅이라면 안뜨기가 겉뜨기보다 쉽습니다. 《포르투갈 스타일 손뜨개》의 저자 안드레아 웡(Andrea Wong)에게 물어보고 싶은 게 있었지만, 연락처를 몰랐는데 도미노뜨기로 유명한 비비안이 저자의 지인이라는 사실을 알고 그를 통해 안드레아에게 이것저것 물어볼 수 있었습니다.

안드레아는 브라질 상파울루에서 자랐습니다. 그녀의 어머니는 옆집에 사는 포르투갈 사람에게서 손뜨개를 배웠고요. 안드레아는 자연스럽게 어머니에게 포르투갈식 뜨개를 배웠고, 결혼 후 브라질 남부에서 살 때 손뜨개 강사로부터 안드레아의 뜨개 방식이 상파울루 사람만 쓴다는 사실을 알게 되었습니다. 같은 브라질이라도 독일 식민지였던 남부 지방은 콘티넨털 스타일을 쓴답니다. 안드레아는 미국에 살면서 주변의 많은 니터가 그녀의 뜨개법을 궁금해 손뜨개 레슨을 시작했습니다. 《포르투갈 스타일 손뜨개》 책도 수강생들이 참고서가 필요하다고 요청해 쓰게 되었고요. 지금까지 이름이 없었던 이 뜨개법에 그녀가 '포르투갈 스타일'이라는 이름을 붙였습니다. 비비안이 선물로 받은 갈고리 바늘 5개의 사진을 안드레아에게 보여주며 물어보니 브라질에서는 쓰지 않지만, 포르투갈이나 페루에서는 쓴다는 답변을 받았습니다. 안드레아는 갈고리 바늘을 쓰지 않지만요.

가슴에 갈고리 바늘을 달고 실을 거는 방법은 안드레아의 책에 소개해놓았습니다. 혹시 갈고리 바늘로 떠보고 싶다면 조립식 아프간바늘과 대바늘을 코드 양쪽에 연결해(싱글 훅 아프간바늘로 만든다) 원통뜨기를 하면 됩니다. 한번 도전해보세요.

원형뜨기 기법을 살려서 쿠션으로.
안뜨기가 메인인 뜨개바탕도 포르투갈 스타일이라면 손쉽게 뜰 수 있다.
겉뜨기와 안뜨기의 음영이 잘 드러나는 밝은색을 추천한다.

Design／하야시 고토미
How to make／P.164
Yarn／해피 셰틀렌드

바늘과 실 잡는 법, 뜨는 법

목에 실을 두르고 바늘을 잡는 방법. ※오른손에 실 거는 법(→P.165)

왼쪽 빗장뼈 부분에 달아 놓은 핀에 실을 걸어 바늘을 잡는 방법.

안뜨기하는 법 ※갈고리 달린 바늘로 뜨는 법과 기초코(→P.165)

❶ 뜨는 실은 앞쪽을 향해 팽팽하게 당깁니다. 화살표 방향으로 바늘을 넣습니다.

❷ 왼손 엄지로 실을 안쪽에서 바깥쪽으로 겁니다.

겉뜨기하는 법

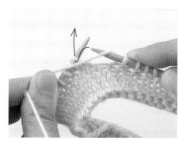

❸ 실을 빼내서 안뜨기했습니다. 왼바늘에서 코를 빼냅니다.

❶ 실이 앞쪽에 있어서 익숙한 방법으로는 뜰 수 없습니다. 실을 바깥쪽에서 안쪽으로 걸고, 오른바늘을 겉뜨기하듯이 꽂아 넣습니다.

❷ 오른바늘을 화살표처럼 움직여서 오른바늘이 왼바늘의 앞쪽에 오도록 합니다.

❸ 겉뜨기하는 위치에 바늘이 왔습니다.

❹ 왼손 엄지로 실을 오른바늘에 걸고, 걸어 놓은 실을 앞쪽으로 빼냅니다.

❺ 앞쪽으로 빼낸 모습.

❻ 겉뜨기한 모습. 실은 앞쪽에 있고 왼바늘 코는 아직 빠지지 않은 상태.

❼ 바늘에서 코를 빼서 겉뜨기했습니다.

하야시 고토미(林ことみ)
어릴 적부터 손뜨개에 친숙했고 학생 때 바느질을 독학으로 익혔다. 출산을 계기로 아동복 디자인을 시작해 핸드 크래프트 책 편집자를 거쳐 현재에 이른다.
다양한 수예 기법을 찾아 국내외를 동분서주하며 작가들과 교류도 활발하다. 저서로《북유럽 스타일 손뜨개》등 다수가 있다.

Couture Arrange

시다 히토미의
쿠튀르 어레인지

언밸런스 풀오버

photograph Hironori Handa　styling Masayo Akutsu　hair&make-up Yuri Arai model Jane(173cm)

〈쿠튀르 니트 봄여름호〉에서
근사한 소매가 달린 풀오버였다.

여름호는 〈쿠튀르 니트〉 봄여름 시리즈 창간호에서 반소매 등근 요크 풀오버를 선택해, 등근 요크와 무늬를 그대로 살린 채 '실루엣 바꾸기'를 중심으로 어레인지할 방법을 연구했습니다.

먼저 밑단 라인을 넓혀서 A라인으로 만들기, 다음으로 소매를 달지 않은 형태로 만들기입니다. 밑단의 사선 라인은 좌우의 몸판 길이를 달리하고 스캘럽 무늬로 부드러움을 더해 언밸런스 라인을 완성했습니다. 소매는 달지 않았지만 등근 요크 형태는 그대로 살렸습니다. 더운 계절에는 천연 소재가 촉감이 좋아서 실은 면 100% 소재의 테이프 얀(Tape yarn, 봄여름에 잘 어울리는 납작한 리본 같은 팬시 얀)을 골랐습니다. 색은 밝은 베이지 계열로 어떤 무늬도 소화하지요.

중심의 활엽수 나뭇잎 무늬는 뜨개 도안을 보고 그대로 뜰 수 있는 것과 중간에 코가 없는 부분이 있습니다. 두 나무의 잎을 비교해보면 나뭇잎의 느낌이 같은 듯 달라 보입니다. 도안대로 뜨는 잎은 직선적이고, 코가 없는 부분을 몇 단 포함한 무늬는 잎 형태가 부드러운 곡선을 그리는 듯합니다. 이번에는 실루엣에 집중하려고 했는데 오히려 무늬의 힘을 실감했습니다.

detail

무늬 구성은 아래로 뻗은 나뭇잎 2장이 대칭을 이룬 레이스
무늬 패턴, 끌어올려 구슬뜨기에 돌려뜨기 라인이 있는 패턴,
이 두 패턴에 겉뜨기와 안뜨기를 더했습니다.
몸통은 밑단부터 원형뜨기로 나뭇잎 무늬만 나란히 배치해
둥근 요크 부분과 분위기를 달리했고, 무늬 크기도 작게 하면
서 아래쪽이 퍼지도록 했습니다. 메리야스뜨기 부분에서 늘
려 되돌려뜨기를 해서 좌우 길이의 차이를 만들었습니다. 둥
근 요크와 연결되는 부분은 간단하게 안뜨기를 2단 했습니다.
목둘레와 소맷부리 테두리뜨기는 돌려뜨기의 레이스 부분만
세로로 겹쳐서 각각 단수를 바꿔 1코 돌려 고무뜨기 코막음
을 합니다. 밑단은 가터뜨기하고 스캘럽이 선명하게 드러나도
록 느슨하게 안뜨기하면서 덮어씌워 코막음합니다.

〈쿠튀르 니트 봄여름호〉에서
Knitter／마키노 게이코
How to make／P.166
Yarn／다이아몬드케이토 다이아 시에로

Pants／하라주쿠 시카고(하라주쿠/진구마에점)
Earring／SLOW 오모테산도점

오카모토 게이코의 Knit 니트+원 +1

이번에는 여름에 잘 어울리는 그러데이션 색을 사용한 작품을 소개합니다.

photograph Shigeki Nakashima styling Kuniko Okabe,Yuumi Sano
hair&make-up Daisuke Yamada model Emma Koyama(173cm)

여름이 왔습니다! 더울 때는 으레 티셔츠나 커트 앤드 소운(Cut and sewn, 편물로 짠 천을 재단해 봉제한 것의 총칭)처럼 착용감 좋은 편한 옷을 고르게 마련이지요. 그러나 나들이하기에는 조금 아쉬운 부분이 있습니다. 이번에는 무더운 여름에 안성맞춤으로 대충 흔들어 빨아도 되는 면 100% '페투치네 멀티' 실을 사용해 화사하면서 옛 생각이 떠오르는 레트로풍 카디건과 풀오버를 소개하겠습니다.

페투치네 멀티는 면실 가운데서도 최고급인 코마사로 짧은 섬유를 정성스레 골라내 털이 날리지 않으면서 부드러운 제품에 사용합니다. 이런 코마사 5가닥을 합사해 비스코스 가공을 한 광택 테이프 안을 일정 간격으로 6색 염색을 하고 스페이스 염색(Space dyeing) 기법으로 염색한 부분을 랜덤으로 배치해 멀티 컬러로 완성했습니다. 가스리(스침무늬)와 비슷한 염색 기법입니다.

페투치네 멀티를 사용한 카디건은 대바늘뜨기로 기장을 좀 짧게 했습니다. 레트로 느낌의 배색 보더에 비침무늬를 하고, 자수실로 뜬 작은 꽃을 달아서 귀여운 복고풍으로 마무리했습니다. 긴 원피스와 매치하면 멋지겠네요. 풀오버는 불꽃놀이를 이미지화했습니다. 까만 밤하늘에 화려한 오렌지, 블루, 그린이 들어간 페투치네 멀티를 사용해 불꽃놀이 같은 모티프를 떠서 잇기 했습니다. 넉넉한 폭의 소매가 반가운 실루엣입니다.

오카모토 게이코(岡本啓子)
아틀리에 케이즈케이(atelier K's K) 운영. 니트 디자이너이자 지도자로 전국적으로 왕성하게 활동 중. 오사카 한큐백화점 우메다 본점 10층에 위치한 케이즈케이의 오너. 공익재단법인 일본수예보급협회 이사. 저서에《오카모토 게이코의 손뜨개 코바늘뜨기》가 있다.
http://atelier-ksk.net/
http://atelier-ksk.shop-pro.jp/

Yarn／페투치네 멀티, 페투치네, 카놀라, 카펠리니

왼쪽／시크한 멀티 보더를 화사한 블루로 멋지고 세련되게 마무리했습니다. 바지에도 치마에도 잘 어울리는 활용도 높은 작품입니다. 꽃 모티브는 취향에 맞게 골라보세요.

Design·Knitter／사카구치 사치코
How to make／P.170
Yarn／카놀라, 페투치네 멀티, 페투치네, DMC 라이트 이펙트 실

오른쪽／까만 바탕의 모티브에 멀티 컬러 그러데이션 실을 배색함으로써 마치 불꽃놀이처럼 보입니다. 심플한 모티브가 숨이 막히도록 인상적입니다.

Design·Knitter／아틀리에 Amu Hearts 모리 시즈요
How to make／P.172
Yarn／카펠리니, 페투치네 멀티

내가 만든 '털실타래' 속 작품

〈털실타래 Vol.1〉 17p
토비야옹@라곰니팅랩(@lagomknitting_lab)

실: Jamieson & Smith 2ply
알록달록한 색감을 선호하지 않는 편이라 저에게는 과감한 시도였던 작품인데요. 채도가 낮은 색을 섞어서 부담 없이 잘 입고 다닐 수 있었어요. 평면 배색뜨기를 하고 각 조각을 이어서 만드는 구조로 손이 많이 갔지만 덕분에 오랫동안 아껴서 입을 수 있는 페어아일 가디건이 생겼습니다. :)

〈털실타래 Vol.3〉 89p
이유희(@yuyangknit)

실: 열매달이틀 여름방학 콘사
평소 코바늘 의류를 좋아해 털실타래 봄호는 저에게 딱 맞는 주제였어요. 원작에 사이즈가 따로 없어서 제 몸에 맞게 길이도 늘리고 사이즈도 살짝 늘렸습니다. ^^ 원작은 시크한 느낌이지만 제 옷은 여성스러운 느낌으로 너무나 마음에 드는 작품입니다. ^^

〈털실타래 Vol.2〉 13p
DADA(@mellow_knitting)

실: 산네스간 더블선데이 13볼
꼬아뜨기와 넓은 고무단이 매력적인 카디건입니다. 복잡해 보이는 무늬지만 규칙성 덕분에 금방 외워져서 무늬 자체는 도안을 안 보고 뜰 수 있었어요. 간단하게 걸쳐 입기 좋은 카디건이 되어, 올해 봄에 엄청 잘 입었습니다!

〈털실타래 Vol.2〉 12p
김유빈(@ollangknit)

실: 솜솜뜨개 뉴보름(버터) 2합
털실타래 겨울호 아란 특집에 실린 트임 리본 베스트입니다. 버블 스티치와 다이아 무늬가 매력적인 베스트예요! 간절기에 입기 좋고 하나만으로도 코디에 포인트가 되어 좋은 작품입니다. :)

〈털실타래 Vol.3〉 64p
맹지혜(@happymaeng)

실: 브리코튼
바이브리 작가님의 도안과 자체 제작하신 실로 만든 뜨개뱃입니다~ 검정 토끼의 해를 맞아서 만들어진 토끼이자, 어떤 시련에도 오뚝오뚝 잘 일어나는 오뚜기처럼 멋진 한 해를 보내라는 의미가 담겨있다고 합니다! 책상 위에 뒀는데 의미도 좋고, 귀여워서 볼 때마다 기분이 좋아요~

〈털실타래 Vol.1〉 12p
정현주(@elisabetknit)

실: 낙양모사 슬로우스텝
단 게이지는 도안과 같았지만 콧수 게이지 차이가 있어서 늘림 부분에서 덜 늘리고 시작코를 도안보다 적게 잡아서 만들었습니다. 꽃 모양이 나오는 너무 예쁜 모자라 꼭 완성하고 싶었던 아이템인데 예쁘게 완성되어 기뻐요~

독자분들이 뜬 〈털실타래〉 속 작품을 소개합니다!
원작의 느낌을 살려 완성한 작품, 취향대로 디자인을 조금 변형한 작품, 다른 색으로 떠 새로운 느낌으로
만든 작품까지 모두 만나 보세요.
〈털실타래 Vol.1~4〉 속 작품을 만드셨다면 SNS에 사진과 해시태그(#털실타래)와 함께 업로드해 주세요!

구성·편집 : 편집부

〈털실타래 Vol.2〉 20p
포키

실: 파고니트 램스울 클래식(오트밀) 50g 2볼
겨울호에서 소개해주신 아란무늬 핸드워머가
요즘 유행하는 Y2K 감성과 딱 맞아 떠봤습니
다. 팔까지 쭉 덮어서 따듯하고 무늬도 정말 예
쁜데다가 핸드폰 터치도 문제 없어서 너무 좋
아요! 뜨기도 어렵지 않아서 정말 추천합니다!!

〈털실타래 Vol.1〉 38p
김수현(@_ssukim_)

실: 브랜드얀 얀랩C
책의 원작 실보다는 조금 가는 실로 더 작게 만
들어서 네 살 딸아이에게 잘 맞는 사이즈의 가
방이었어요. 어린이집 핼러윈데이 행사에 메고
가서, 선생과 친구들에게 뽐내며 어깨가 한껏
솟는 하루를 보냈답니다. :)

〈털실타래 Vol.3〉 11p
김보현(@ppomeot._.hobby)

실: 열매달이틀 여름방학 콘사(워터릴리)
반복되는 무늬 패턴의 코바늘 의류를 많이 떠
보지 않았지만 어렵지 않게 뜰 수 있는 베스트
였어요. 옆에 리본 포인트와 전체 에징이 너무
매력적이에요! 봄봄한 컬러감의 실로 작업해서
꽃놀이 복장으로 아주 딱이랍니다.

〈털실타래 Vol.2〉 11p
오나영(@peachblanket)

실: 라마나 코모 트위드(07T)
친정아버지 생신 선물로 정성들여 뜬 스웨터입
니다. 아버지가 맘에 든다고 말씀하신 것이 뜨
개를 시작하고 제일 뿌듯한 순간이었어요.

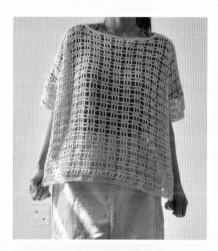

〈털실타래 Vol.3〉 10p
브리즈(@breeze_of_november)

실: 열매달이틀 여름방학 콘사(레몬)
심플하고 담백한 디자인의 옷으로 사용된 기법
도 어렵지 않아 즐겁게 작업했어요. 봄에는 셔
츠 위에, 여름에는 민소매 위에 툭 걸치면 좋을
것 같아요!

〈털실타래 Vol.3〉 60p
김은경

실: 타조 구정 뜨개실(백색, 연노랑, 노랑, 연두,
올리브, 민트, 연파랑)
꽃은 처음 떠서 할 수 있을까 걱정이 됐지만 책
을 보면서 차근차근 하니 할 수 있겠더라고요~
두 개 다 선물했는데 정말 좋아했어요~ 작가님
의 《손뜨개꽃길의 사계절 코바늘 플라워》 책도
구입해서 카네이션을 뜨는 중이랍니다~

모든 니터들을 위한 뜨개샵
좋은 뜨개실의 기준 야나 Yarn-a

야나 ▼

 @yarn-a

야나YARN-A

니팅쌤의 독일 퀼른h+h 수공예 박람회 이야기

글·사진 : knitting ssem (신은영)

10m 길이의 뜨개 벽화. 한 코 한 코 정성이 느껴진다.

1／h+h 박람회 입구. 2／직접 뜬 작품이라고는 믿어지지 않을 정도로 화려한 나코의 전시. 3／대형 양말이 있는 알리제 부스. 4／가격을 듣고 놀란 인디고 블루색의 에티모 코바늘 세트. 5／몰라 밀스 작가님을 만나게 되어 잔뜩 신이 났다. 6／낙양모사 부스. 한국적인 인테리어와 실이 잘 어울리게 전시했다.

2023년 3월 31일, 3년 만에 개최된 퀼른 박람회를 다녀왔습니다. 3년 전에 비행기 표를 예매했지만 코로나로 못 갔기에 이번 독일행은 더없이 기쁘고 행복했어요. 박람회가 열린 3일 동안 매일 만 보 이상 걸으며 모든 풍경을 눈으로, 사진으로 담았습니다. 익숙한 뜨개 브랜드의 대형 부스에 전시되어 있는 실과 바늘을 보면서 마음이 어떠하였을지 뜨개인이라면 누구나 공감할 수 있겠지요. 밥을 먹지 않아도 배고픈 줄 몰랐습니다.

터키의 실 업체인 나코(Nako)의 부스는 백화점 명품관 같은 느낌이었습니다. 전시된 실과 의류들은 색감이 화려하고 트렌디했습니다. 마찬가지로 터키에서 온 뜨개실 회사 알리제(Alize)도 눈을 사로잡았습니다. 작년 겨울에 유행했던 퍼피 파인을 활용해 거실처럼 장식한 모습에 놀라기도 했고 대형 양말 모형도 시선을 끌었습니다. 튤립(Tulip) 코바늘을 애정하는 니트로서 다양한 뜨개 부자재를 둘러보는 자체가 즐거웠는데 그중 인디고 블루색 코바늘이 굉장히 멋져 쇼케이스 앞에서 한참을 바라보았습니다. 바늘 한 세트에 백만 원 정도라는 말을 듣고 가장 놀라기도 했습니다. 라이키(Lykke) 대바늘은 사용해 보진 않았지만 CEO 할아버지의 애정이 담긴 설명 속에서 제품에 대한 자부심이 느껴져 꼭 사용해 보고 싶어졌어요. 모든 제품에 대해 자세한 정보를 전달하려고 애쓰는 멋진 분이었습니다. 10m가 넘는 뜨개 벽화 포토존은 몇 명이 작업을 했는지는 알 수 없지만 수만 가지의 모티브 중 어느 한구석 대충 만들지 않아 정성이 느껴졌지요.

니트프로(Knit pro), 크로바(Clover), 디엠씨(DMC), 로완(Rowan), 후켓(Hoooket), 울앤더갱(Woolandthegang) 등 익숙한 브랜드도 많지만 이번 박람회에서 가장 자주 다녀온 부스는 란카바(LANKAVA)입니다. 몰라 밀스 작가님의 오랜 팬이었는데 부스에 계셔서 동행인이 놀랄 정도로 소리를 지르며 달려갔지요. 팬심을 전하고 사진도 찍고 사인을 받은 일이 아직도 꿈처럼 느껴집니다. 실도 한 볼 정도만 가져올 수 있길 바랐는데, 전 색상을 받을 수 있었습니다. 마지막 날에도 작가님께 인사를 하며 꼭 한국에서 만나기를 원한다는 말을 전했습니다. 뜨개 잘하는 멋진 언니를 만난 건 올해 가장 큰 행운이 아닌가 싶습니다.

이번 전시회에 참가한 낙양모사 부스는 한국의 멋을 살리는 인테리어에 실들을 잘 어울리게 비치해 멋있었습니다. 한국 업체가 한 곳뿐이어서 아쉬운 마음도 들었어요. 한국에도 뜨개실 제조 회사들이 더 많아져 전 세계 어디서도 자신 있게 자랑하고 싶은 곳이 많아졌으면 좋겠다는 생각도 해봤습니다. 우리나라에서도 활발하게 활동하고 있는 훌륭한 니터들이 정말 많지요. 모두 각자의 방식으로 뜨개를 즐기고 있지만 한 곳에 모여서 함께 할 수 있는 기회가 많으면 좋겠다는 생각도 했습니다. 뜨개 작업물이 수공예품으로서의 가치를 더 인정받을 수 있게 모두가 힘을 모으면 좋겠습니다.

Be natural

뜨개머리앤

Value Your
Knitting Time
뜨개머리앤 since2010

[WEB]   [@ann.knitting]

누구나 나만의 특별한 핸드메이드 취향을 찾을 수 있는 축제,
핸드아티코리아

글·사진 제공 : 핸드아티코리아

손으로 만드는 작품은 소재, 공법, 작가의 손재주에 따라 전혀 다른 형태와 분위기로 완성된다. 개인의 취향과 가치가 고스란히 녹아 있는 핸드메이드 작품을 다양하게 만날 수 있는 전시회, 핸드아티코리아가 2023년 7월 20일부터 23일까지 4일간 서울 코엑스 C홀에서 개최된다.

2011년 국내 최초 핸드메이드 전문 전시회로 시작한 핸드아티코리아는 누적 관람객 65만 명을 달성하였으며, 특히 올해는 국내외 450개 업체, 700개 부스라는 역대 최대 전시 규모를 자랑한다. '취향의 발견'이라는 주제로 진행되는 이번 전시에서는 핸드메이드 오리지널(소잉, DIY, 주얼리, 패션, 재료 및 도구 등), 세라믹, 퀼트, 업사이클링, 오브제, 디저트 카테고리의 수많은 작품이 참관객을 맞이할 예정이다. 특히 금년에는 올해로 50주년을 맞이하는 한국공예가협회와 파트너십을 맺어 협업을 진행 중이며 협회 소속 핸드아티스트들 또한 출품을 계획하고 있다.

소잉, 실 공예, 터프팅 등의 체험 클래스 부스에서는 직접 작품을 만들어보며 다채로운 수공예의 세계를 경험할 수 있다. 일본, 대만, 인도네시아, 베트남, 가나 등 다양한 국가에서 온 핸드아티스트들이 꾸미는 해외 특별관에서는 각국의 공예 트렌드를 한눈에 확인할 수 있을 것이다. 구매는 물론 특별한 체험까지 가능한 만큼, 핸드메이드 작품을, 활동을 사랑한다면 놓쳐서는 안 될 전시회다.

핸드아티코리아는 수공예의 가치를 알리고 핸드아티스트들을 다방면으로 지원하기 위해 매년 새로운 콘텐츠를 선보인다. 올해는 비즈니스 매칭 상담회를 통해 새로운 시장 개척을 지원하고, 업계 인플루언서 초청 강연을 통해 새로운 인사이트를 제공할 계획이다.

공예에 관심 있다면 누구나 참여 가능한 '2023 핸드아티스트 어워즈' 공모전도 들여다보자. 주제는 '취향작품(取向作品) ; 공간을 채우는 나의 취향'이며 도자, 한지, 금속, 유리, 퀼트, 소잉, 섬유, 비즈, 가죽과 같은 모든 자재를 자유롭게 사용해 핸드아티스트 고유의 취향을 드러낼 수 있다. 따라서 이번 공모전은 신진 핸드아티스트가 자신의 솜씨를 선보이는 기회이자 우수한 퀄리티의 작품을 만날 기회가 될 것이다.

또한 핸드아티스트와 소비자를 잇는 핸드메이드 대표 플랫폼답게 다양한 주제의 세미나와 부대행사를 통해 더욱 풍성한 볼거리를 제공하고, K-CRAFT 교류 문화를 조성해 나갈 예정이다.

그간 팬데믹으로 인해 활동과 교류가 어려웠던 핸드아티스트들의 갈증과 답답함을 해소하기 위해 더욱 새롭게 돌아온 2023 핸드아티코리아. 이번 여름, 핸드아티코리아에서 새로운 핸드메이드 트렌드를 확인하고 나만의 취향을 찾아보자.

2023 핸드아티코리아

7월 20일 (목) - 23일 (일)
코엑스 Hall C

Email hmk@esgroup.net
Home www.handarty.co.kr

비기너를 위한 ▶ 신·수편기 스이돈 강좌

이번 테마는 '비침무늬'입니다.
여름에 딱 맞는 레이스 무늬를 뜰 수 있게 됩니다!

photograph Hironori Handa styling Masayo Akutsu hair&make-up Yuri Arai model Jane(173cm)

좌우 대칭 무늬는 코를 세워서 뜨는 '기울임 코
레이스'입니다. 레이스 구멍을 사선으로 이동하
면서 떴습니다. 이 무늬는 어려워 보이지만 의외
로 간단하게 뜰 수 있답니다. 꼭 마스터해보세요.

Design／실버편물연구회 오쿠무라 레이코
How to make／P.175
Yarn／리치모어 바르셀로나

Pants／하라주쿠 시카코(하라주쿠점)
Pierce／산타모니카 하라주쿠점

소매를 기울임 코로 뜨면 스캘럽풍으로 마무리
됩니다. 몸통은 심플한 구멍무늬로 연출한 부드
러운 느낌의 풀오버입니다. 옮김바늘로 코를 옮
기는 간단한 작업으로 레이스 무늬를 스윽스윽
뜰 수 있습니다.

Design／실버편물연구회 오쿠무라 레이코
How to make／P.176
Yarn／다이아몬드케이토 다이아 코스타 노바

Earring／SLOW 오모테산도점
Hat, Skirt／스타일리스트 소장품

신·수편기 스이돈 강좌

여름에 딱 맞는 비침무늬 기초코를 소개합니다.
기계 뜨기 비침무늬는 안면을 보면서 코를 옮기며 무늬를 만듭니다.
손뜨개와 달리 기호 단까지 메리야스뜨기를 하고 비침무늬 작업을 합니다.

촬영/모리야 노리아키

○ㅅ 뜨는 법
1 2

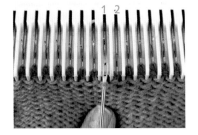 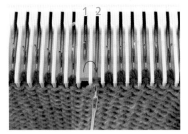 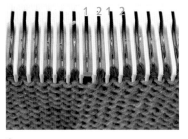 

1
구멍을 내는 바늘 1의 코를 옮김바늘로 잡고

2
바늘 2에 겹쳐 놓습니다.

3
코가 없는 바늘 1을 B 위치로 꺼내고 2단을 뜹니다.

4
무늬를 완성했습니다.

ㅅ○ 뜨는 법
1 2

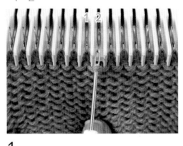 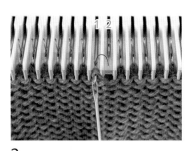 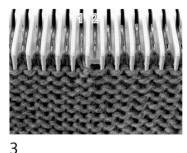 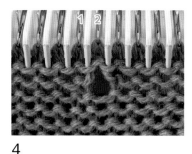

1
구멍을 내는 바늘 2의 코를 옮김바늘로 잡고

2
바늘 1에 겹쳐 놓습니다.

3
코가 없는 바늘 2를 B 위치로 꺼내고 2단을 뜹니다.

4
무늬를 완성했습니다.

○ㅅ○ 뜨는 법
1 2 3

 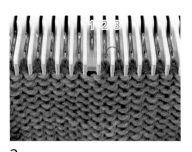 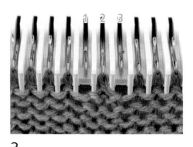 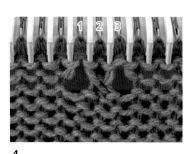

1
구멍을 내는 바늘 1의 코를 옮김바늘로 잡고, 바늘 2에 겹쳐 놓습니다.

2
바늘 2에 바늘 3의 코도 겹칩니다. 1과 3을 겹치는 순서는 상관없습니다.

3
코가 없는 바늘 1과 바늘 3을 B 위치로 꺼내서 2단을 뜹니다.

4
무늬를 완성했습니다.

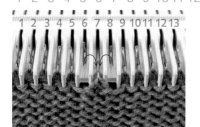 뜨는 법

1
바늘 7에 6과 8의 코를 겹쳐서 3코 모아뜨기합니다.

2
바늘 9의 코를 왼쪽 빈 바늘로 옮깁니다. 이렇게 코를 옮기는 것을 '기울임 코'라고 합니다.

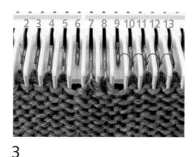

3
계속해서 바늘 10~13 코도 왼쪽으로 1코씩 옮깁니다.

4
바늘 1~5의 코도 오른쪽으로 1코씩 옮깁니다.

5
코가 없는 바늘 1과 13을 B 위치로 꺼내서 2단을 뜹니다.

6
무늬를 완성했습니다.

뜨는 법

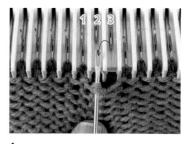

1
바늘 3의 코를 옮김바늘로 잡아 바늘 2의 코에 겹쳐 놓습니다. 겹친 2코를 그대로 옮김바늘로 잡고

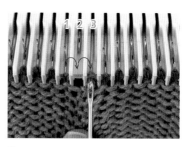

2
바늘 3으로 돌려놓습니다. 바늘 1의 코를 2의 바늘로 옮깁니다.

뜨는 법

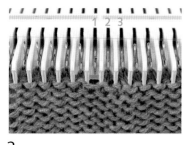

3
코가 없는 바늘 1을 B 위치로 꺼내서 2단을 뜹니다.

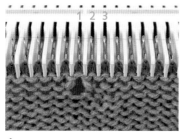

4
무늬를 완성했습니다.

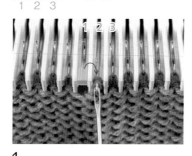

1
바늘 1의 코를 옮김바늘로 잡아 바늘 2의 코에 겹쳐 놓습니다. 그대로 겹친 2코를 옮김바늘로 잡고

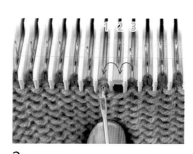

2
바늘 1에 돌려놓습니다. 바늘 3의 코를 바늘 2로 옮깁니다.

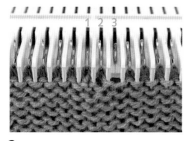

3
코가 없는 바늘 3을 B 위치로 꺼내서 2단을 뜹니다.

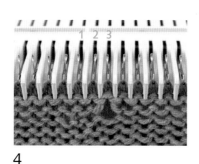

4
무늬를 완성했습니다.

안면에서 본 모습

겉면에서 본 모습

뜨개꾼의 심심풀이 뜨개

혼자라도 여럿이라도 집에서라도 캠핑 '뜨개 반합'이 있는 풍경

찬란한 햇살, 울창한 숲, 산림욕
집콕, 회사콕에서 벗어나
자연 속에 녹아들어

물이 끓기를 기다리며　뜬다

새소리를 들으며　뜬다

시냇물을 보면서　뜬다

잎새 사이로 비치는 햇살의 흔들림을 보며　뜬다

나무 사이로 부는 바람을 느끼며　뜬다

물이 끓어서　커피 타임

점심은 밥으로 할까 파스타로 할까
조리거나 삶거나 볶음에 찜에
간단한 안주와 디저트도
캠핑에는 빼놓을 수 없는 반합

당일치기든 묵든
혼자라도 여럿이라도
야외 손뜨개를 즐기며

뜨개꾼 203gow(니마루산고)
색다른 뜨개 작품 '이상한 뜨개'를 제작한다. 온 거
리를 뜨개 작품으로 메우려는 게릴라 뜨개 집단 '뜨
개 기습단'을 창설했다. 백화점 쇼윈도, 패션 잡지 배
경, 미술관과 갤러리 전시, 워크숍 등 다양한 활동을
전개하고 있다.
https://203gow.weebly.com(이상한 뜨개 HP)

글·사진／203gow 참고 작품

뜨개 도안 보는 법

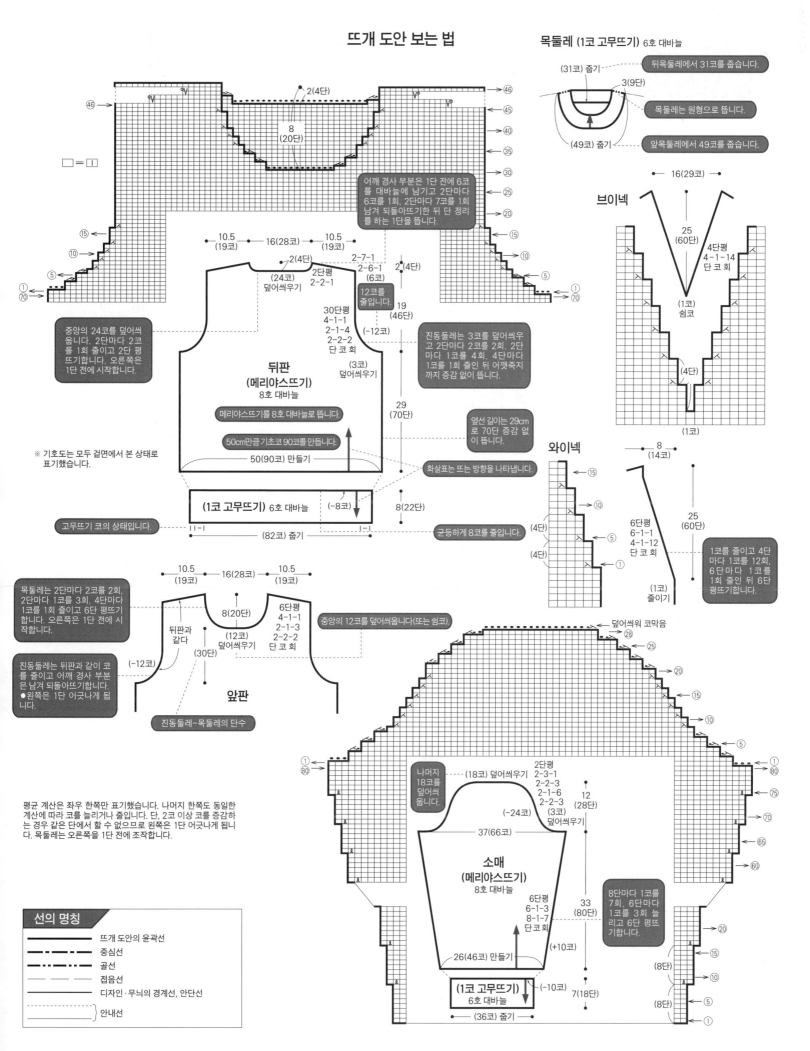

목둘레 (1코 고무뜨기) 6호 대바늘

(31코) 줍기 ····· 뒤목둘레에서 31코를 줍습니다.

3(9단)

목둘레는 원형으로 뜹니다.

(49코) 줍기 ····· 앞목둘레에서 49코를 줍습니다.

2(4단)

8 (20단)

46

45

40

35

30

25

20

15

10

5

1

70

□ = 1

어깨 경사 부분은 1단 전에 6코를 대바늘에 남기고 2단마다 6코를 1회, 2단마다 7코를 1회 남겨 되돌아뜨기한 뒤 단 정리를 하는 1단을 뜹니다.

10.5 (19코)　16(28코)　10.5 (19코)

2(4단)　　　2-7-1
2-6-1 (6코)
2단평　2-2-1
(24코) 덮어씌우기

2(4단)

12코를 줄입니다.

19 (46단)

(-12코)

30단평
4-1-1
2-1-4
2-2-2
단 코 회

(3코) 덮어씌우기

29 (70단)

진동둘레는 3코를 덮어씌우고 2단마다 2코를 2회, 2단마다 1코를 4회, 4단마다 1코를 1회 줄인 뒤 어깻죽지까지 증감 없이 뜹니다.

브이넥

16 (29코)

25 (60단)

4단평
4-1-14
단 코 회

(1코) 쉼코

(4코)

(1코)

중앙의 24코를 덮어씌웁니다. 2단마다 2코를 1회 줄이고 2단 평뜨기합니다. 오른쪽은 1단 전에 시작합니다.

뒤판
(메리야스뜨기)
8호 대바늘

메리야스뜨기를 8호 대바늘로 뜹니다.

50cm만큼 기초코 90코를 만듭니다.

50(90코) 만들기

옆선 길이는 29cm로 70단 증감 없이 뜹니다.

화살표는 뜨는 방향을 나타냅니다.

※ 기호도는 모두 겉면에서 본 상태로 표기했습니다.

(1코 고무뜨기) 6호 대바늘

(-8코)

고무뜨기 코의 상태입니다.

(82코) 줍기

균등하게 8코를 줄입니다.

8(22단)

와이넥

8 (14코)

15

10

5

1

(4단)

(4단)

6단평
6-1-1
4-1-12
단 코 회

(1코) 줄이기

25 (60단)

1코를 줄이고 4단마다 1코를 12회, 6단마다 1코를 1회 줄인 뒤 6단 평뜨기합니다.

목둘레는 2단마다 2코를 2회, 2단마다 1코를 3회, 4단마다 1코를 1회 줄이고 6단 평뜨기합니다. 오른쪽은 1단 전에 시작합니다.

10.5 (19코)　16(28코)　10.5 (19코)

8(20단)

(12코) 덮어씌우기

6단평
4-1-1
2-1-3
2-2-2
단 코 회

중앙의 12코를 덮어씌웁니다(또는 쉼코).

뒤판과 같다

(-12코)

(30단)

진동둘레는 뒤판과 같이 코를 줄이고 어깨 경사 부분은 남겨 되돌아뜨기합니다.
●왼쪽은 1단 어긋나게 됩니다.

앞판

진동둘레~목둘레의 단수

평균 계산은 좌우 한쪽만 표기했습니다. 나머지 한쪽도 동일한 계산에 따라 코를 늘리거나 줄입니다. 단, 2코 이상 코를 증감하는 경우 같은 단에서 할 수 없으므로 왼쪽은 1단 어긋나게 됩니다. 목둘레는 오른쪽을 1단 전에 조작합니다.

덮어씌워 코막음

28

25

20

15

10

5

1

80

75

70

65

60

(18코) 덮어씌우기

나머지 18코를 덮어씌웁니다.

2단평
2-3-1
2-2-3
2-1-6
2-2-3
(3코) 덮어씌우기

(-24코)

37(66코)

12 (28단)

소매
(메리야스뜨기)
8호 대바늘

6단평
6-1-3
8-1-7
단 코 회

(+10코)

26(46코) 만들기

33 (80단)

8단마다 1코를 7회, 6단마다 1코를 3회 늘리고 6단 평뜨기합니다.

(1코 고무뜨기) 6호 대바늘

(-10코)

(36코) 줍기

20

15

10

5

1

(8단)

(8단)

7 (18단)

선의 명칭

———	뜨개 도안의 윤곽선
—·—·—	중심선
—··—··—	골선
————	접음선
———	디자인·무늬의 경계선, 안단선
·········	안내선

재료
퍼피 생파두스 하늘색(506) 180g 5볼

도구
대바늘 7호·6호

완성 크기
가슴둘레 95cm, 기장 50.5cm, 화장 34cm

게이지(10cm×10cm)
무늬뜨기, 메리야스뜨기 모두 18코×29단

POINT
● 요크·몸판…요크는 별도 사슬로 기초코를 만들어 뜨기 시작하고, 무늬뜨기로 원형뜨기합니다. 분산 늘림코는 도안을 참고하세요. 뒤판은 앞뒤 단차로 메리야스뜨기 8단을 왕복뜨기합니다. 겨드랑

이 부분은 감아코로 코를 만들고, 요크에서 지정 콧수를 주워 메리야스뜨기로 원형뜨기를 하는데, 옆선의 1코는 안뜨기합니다. 이어서 밑단을 1코 돌려 고무뜨기로 뜹니다. 뜨개 끝은 돌려뜨기 코는 돌려뜨기로, 안뜨기 코는 안뜨기로 떠서 덮어씌워 코막음합니다.

● 마무리…소맷부리는 요크의 쉼코와 겨드랑이 부분, 앞뒤 단차에서 코를 주워 1코 돌려 고무뜨기로 원형뜨기합니다. 뜨개 끝은 밑단과 방법이 같습니다. 목둘레는 기초코의 사슬을 풀어 코를 줍고, 1코 돌려 고무뜨기로 뜹니다. 뜨개 끝은 밑단과 방법이 같습니다.

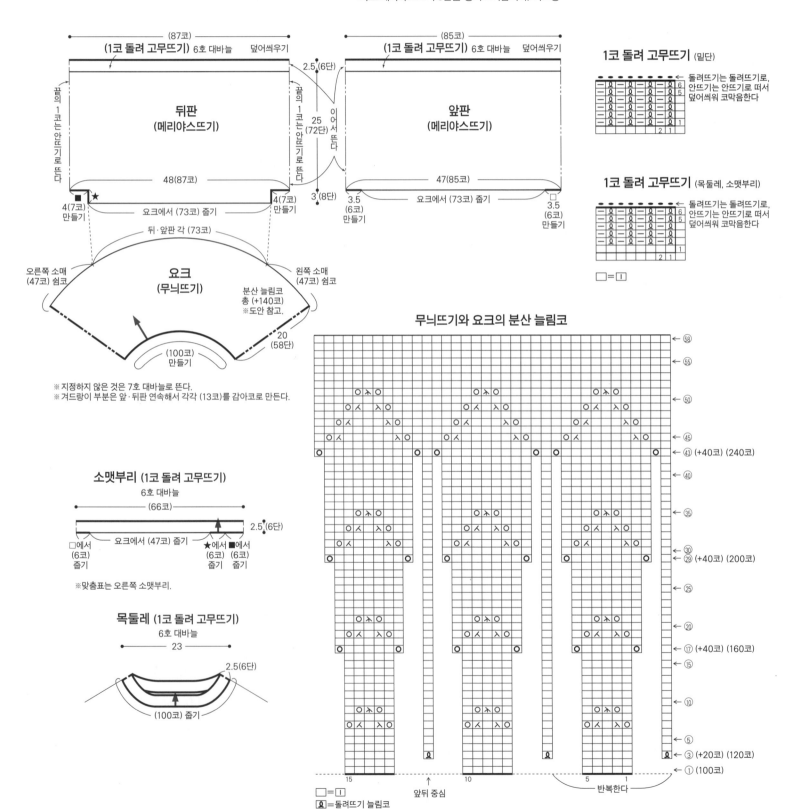

1코 돌려 고무뜨기 (밑단)
돌려뜨기는 돌려뜨기로, 안뜨기는 안뜨기로 떠서 덮어씌워 코막음한다

1코 돌려 고무뜨기 (목둘레, 소맷부리)
돌려뜨기는 돌려뜨기로, 안뜨기는 안뜨기로 떠서 덮어씌워 코막음한다

□=Ⅰ

(87코)
(1코 돌려 고무뜨기) 6호 대바늘   덮어씌우기

끝의 1코는 안뜨기로 뜬다

뒤판
(메리야스뜨기)

2.5(6단)

끝의 1코는 안뜨기로 뜬다

이어서 뜬다

25(72단)

48(87코)

4(7코) 만들기   ★

□ 4(7코) 만들기

요크에서 (73코) 줍기

3(8단)

(85코)
(1코 돌려 고무뜨기) 6호 대바늘   덮어씌우기

앞판
(메리야스뜨기)

47(85코)

3.5(6코) 만들기   요크에서 (73코) 줍기   3.5(6코) 만들기

뒤·앞판 각 (73코)

오른쪽 소매 (47코) 쉼코

왼쪽 소매 (47코) 쉼코

요크
(무늬뜨기)

분산 늘림코 총 (+140코) ※도안 참고.

20(58단)

(100코) 만들기

※지정하지 않은 것은 7호 대바늘로 뜬다.
※겨드랑이 부분은 앞·뒤판 연속해서 각각 (13코)를 감아코로 만든다.

소맷부리 (1코 돌려 고무뜨기)
6호 대바늘

(66코)

2.5(6단)

□에서 (6코) 줍기   요크에서 (47코) 줍기   ★에서 (6코) 줍기   ■에서 (6코) 줍기

※맞춤표는 오른쪽 소맷부리.

목둘레 (1코 돌려 고무뜨기)
6호 대바늘

23

2.5(6단)

(100코) 줍기

무늬뜨기와 요크의 분산 늘림코

←58
←55
←50
←45
←43 (+40코) (240코)
←40
←35
←30
←29 (+40코) (200코)
←25
←20
←17 (+40코) (160코)
←15
←10
←5
←3 (+20코) (120코)
←① (100코)

15   10   5   1

앞뒤 중심   반복한다

□=Ⅰ
Ⓠ=돌려뜨기 늘림코

★ 개수는 작품을 선택하는 기준으로 참고해주세요. ★…초심자도 안심, ★★…자신이 조금 생겼다면, ★★★…끈기도 겸비한 중·상급자, ★★★★…솜씨에 자신 있음. 실은 실물 크기입니다.

재료
퍼피 퍼피 리넨 100 검은색(910) 210g 6볼
도구
대바늘 5호, 코바늘 4/0호
완성 크기
가슴둘레 110cm, 기장 52cm, 화장 43.5cm
게이지(10cm×10cm)
무늬뜨기 A 22.5코×30.5단, 무늬뜨기 B 22.5코
×32.5단, 무늬뜨기 C 22.5코×31.5단

POINT
● 몸판·소매…손가락으로 거는 기초코를 만들어 뜨기 시작하고, 몸판은 무늬뜨기 A·B·C, 소매는 무늬뜨기 A로 뜹니다. 목둘레의 줄임코는 덮어씌우기를 합니다. 어깨·목둘레는 테두리뜨기를 합니다.
● 마무리…어깨는 빼뜨기로 잇기, 소매는 코와 단 잇기로 몸판과 합칩니다. 옆선, 소매 밑선은 돗바늘로 떠서 잇기로 연결합니다. 밑단, 소맷부리는 짧은뜨기 1단을 원형뜨기로 떠서 마무리합니다.

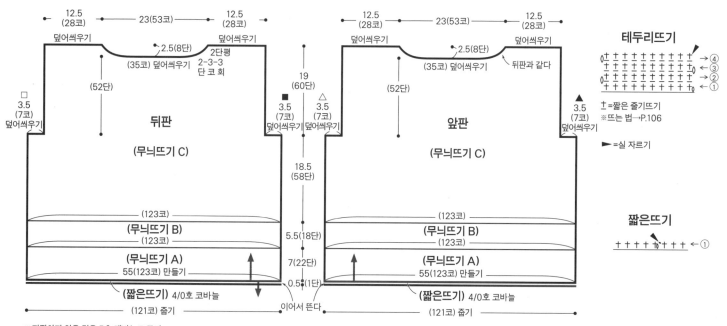

※지정하지 않은 것은 5호 대바늘로 뜬다.

테두리뜨기
⊥=짧은 줄기뜨기
※뜨는 법→P.106
►=실 자르기

짧은뜨기

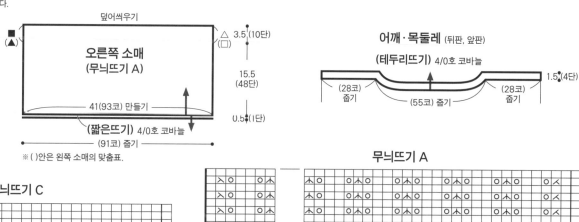

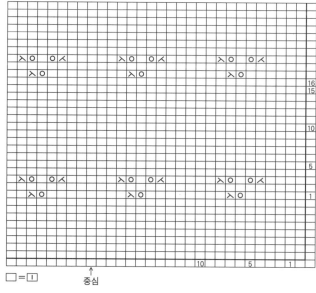

※( )안은 왼쪽 소매의 맞춤표.

어깨·목둘레 (뒤판, 앞판)
(테두리뜨기) 4/0호 코바늘

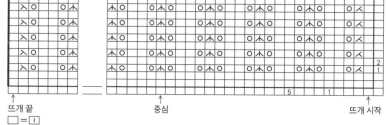

무늬뜨기 C

무늬뜨기 A

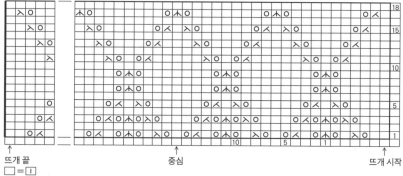

무늬뜨기 B

리피

퍼피 리넨 100

재료
퍼피 리피 연그레이(760) 40g 1볼, 퍼피 리넨 100
검은색(910) 15g 1볼
도구
코바늘 7/0호·4/0호
완성 크기
머리둘레 56cm, 높이 15cm

게이지(10cm×10cm)
짧은뜨기 16코×19단
POINT
● 원형 기초코를 만들어 상단 부분부터 뜨기 시
작하고, 짧은뜨기와 테두리뜨기로 뜹니다. 늘림코
는 도안을 참고하세요. 브레이드를 뜨고, 마무리
방법을 참고해 무늬의 구멍으로 통과시킵니다.

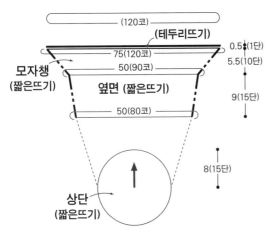

※ 지정하지 않은 것은 리피 실로 뜬다.
※ 지정하지 않은 것은 7/0호 코바늘로 뜬다.
※ 옆면의 14번째 단은 뜨는 방법이 달라지므로
도안을 참고해 뜬다.

브레이드 (무늬뜨기)
4/0호 코바늘 리넨 100

마무리하는 법

양쪽 옆의 무늬 사이 구멍으로
브레이드를 통과시켜
바깥쪽으로 뺀다

무늬뜨기

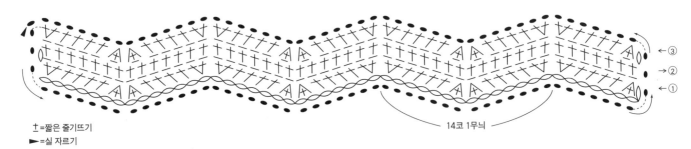

┼=짧은 줄기뜨기
►=실 자르기

14코 1무늬

**짧은 줄기뜨기
(왕복뜨기)**

1 안면에서 뜨는 단에서는 앞
단의 머리 사슬 앞쪽 1가닥을
주워 짧은뜨기를 뜬다.

2 다음 코도 앞쪽의 사슬 1가
닥을 주워서 뜬다.

3 겉면에서 뜨는 단에서는 앞단
의 머리 사슬의 뒤쪽 1가닥을
주워 짧은뜨기를 뜬다.

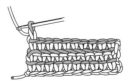

4 겉면에서 봤을 때, 단마다 줄
무늬가 겉으로 나온다.

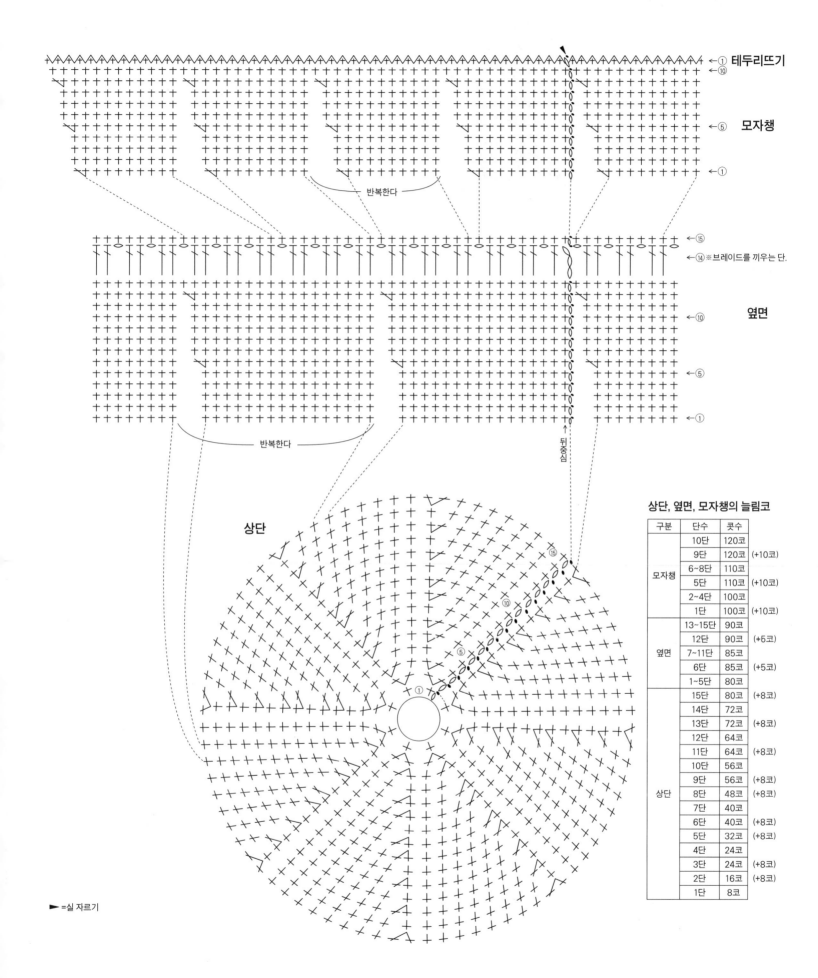

←① 테두리뜨기
←⑩

←⑤ 모자챙

←①

반복한다

←⑮
←⑭ ※브레이드를 끼우는 단.

옆면

←⑩

←⑤

←①

반복한다

뒤중심

상단

①

상단, 옆면, 모자챙의 늘림코

구분	단수	콧수	
모자챙	10단	120코	
	9단	120코	(+10코)
	6~8단	110코	
	5단	110코	(+10코)
	2~4단	100코	
	1단	100코	(+10코)
옆면	13~15단	90코	
	12단	90코	(+5코)
	7~11단	85코	
	6단	85코	(+5코)
	1~5단	80코	
상단	15단	80코	(+8코)
	14단	72코	
	13단	72코	(+8코)
	12단	64코	
	11단	64코	(+8코)
	10단	56코	
	9단	56코	(+8코)
	8단	48코	(+8코)
	7단	40코	
	6단	40코	(+8코)
	5단	32코	(+8코)
	4단	24코	
	3단	24코	(+8코)
	2단	16코	(+8코)
	1단	8코	

►=실 자르기

재료
피에로 얀 프로방스 시리즈 Pont du Gard(퐁뒤가르) 내추럴(10) 180g 5볼, 세피아(21) 80g 2볼
도구
코바늘 3/0호
완성 크기
가슴둘레 112cm, 기장 64.5cm, 화장 28.5cm
게이지
모티프 한 변이 8cm

POINT
● 모티프 연결로 뜹니다. 2번째 장 이후는 이웃하는 모티프에 연결하며 뜹니다. 지정 콧수를 줍고, 밑단과 목둘레의 가장자리는 테두리뜨기 A, 소맷부리는 테두리뜨기 B로 뜨는데, 목둘레는 뜨는 방법이 달라지는 부분이 있으므로 도안을 참고하세요.

도안 1

8	9	10	11	12	13	14
22	23	24	25	26	27	28
36	37	38	39	40	41	42
50	51	52	53	54	55	56
64	65	66	67	68	69	70

40 (5장)

뒤판

78	79	80	81	82	83	84
92	93	94	95	96	97	98
105	104	103	102	101	100	99

24 (3장)

소매 트임

14(1.75장)　28(3.5장)　14(1.75장)

| 91 | 90 | 89 | 88 | 87 | 86 | 85 |
| 77 | 76 | 75 | 74 | 73 | 72 | 71 |

16 (2장)

앞판

(모티프 잇기)

63	62	61	60	59	58	57
49	48	47	46	45	44	43
35	34	33	32	31	30	29
21	20	19	18	17	16	15
7	6	5	4	3	2	1

40 (5장)

8
8

56(7장)

※전부 3/0호 코바늘로 뜬다.
※모티프 안의 숫자는 연결하는 순서다.
※같은 모양의 맞춤표끼리 연결하면서 뜬다.

목둘레 (테두리뜨기 A) 세피아

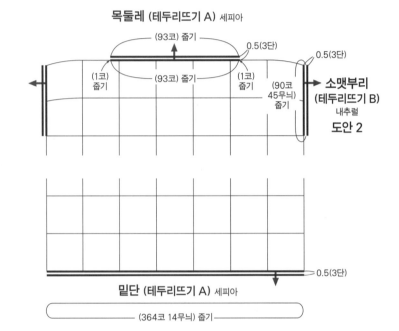

(93코) 줍기
0.5(3단)
0.5(3단)
(1코) 줍기
(93코) 줍기
(1코) 줍기
(90코 45무늬) 줍기

소맷부리 (테두리뜨기 B) 내추럴

도안 2

밑단 (테두리뜨기 A) 세피아

(364코 14무늬) 줍기
0.5(3단)

모티프 105장

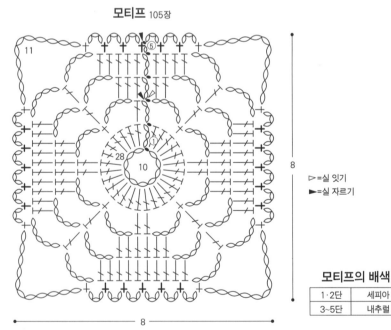

11
5
28
10
1

8

8

▷=실 잇기
►=실 자르기

모티프의 배색

| 1·2단 | 세피아 |
| 3~5단 | 내추럴 |

※ ┼=앞단의 코와 코 사이에 바늘을 넣어서 뜬다.

테두리뜨기 B

③
②
①

2코 1무늬

테두리뜨기 A

③
②
①

26코 1무늬

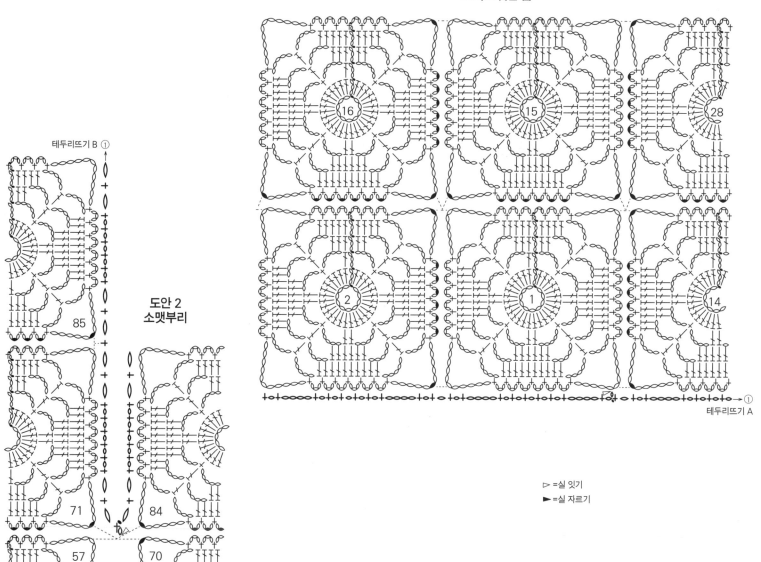

모티프 잇는 법

테두리뜨기 B ①

도안 2
소맷부리

85

71   84

57   70

16   15   28

2   1   14

▷ =실 잇기
► =실 자르기

테두리뜨기 A ①

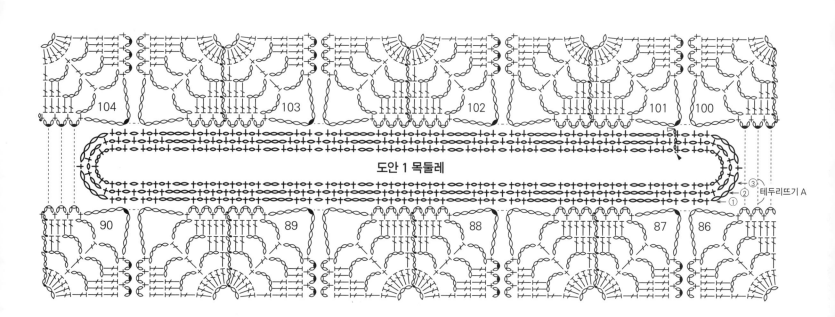

104   103   102   101   100

도안 1 목둘레

테두리뜨기 A
③
②
①

90   89   88   87   86

재료
실…데오리야 T 실크 베이지(01) 195g
단추…지름 18mm×6개
도구
대바늘 4호
완성 크기
가슴둘레 100cm, 기장 51cm, 화장 30.5cm
게이지(10cm×10cm)
메리야스뜨기 27코×37단, 1코 돌려 고무뜨기
31.5코×37단
POINT
● 몸판…뒤판은 손가락으로 거는 기초코를 만들

어 뜨기 시작하고, 1코 돌려 고무뜨기와 메리야스
뜨기로 뜹니다. 늘림코는 도안을 참고해 뜨고 ▲와
△에서 코를 주워 메리야스뜨기, 가터뜨기, 멍석뜨
기를 배치해 뜹니다. 뒤목둘레는 덮어씌워 코막음
을 합니다. 이어서 좌우에서 각각 코를 주워 가터뜨
기, 1코 돌려 고무뜨기, 무늬뜨기로 뜹니다. 오른쪽
앞판에는 단춧구멍을 만듭니다. 뜨개 끝은 무늬를
뜨면서 덮어씌워 코막음합니다.
● 마무리…소맷부리는 지정 콧수를 주워 무늬뜨
기로 뜹니다. 뜨개 끝은 앞단과 같은 방법으로 합니
다. 소맷부리의 밑선은 돗바늘로 떠서 잇기로 연
결합니다. 단추를 달아서 완성합니다.

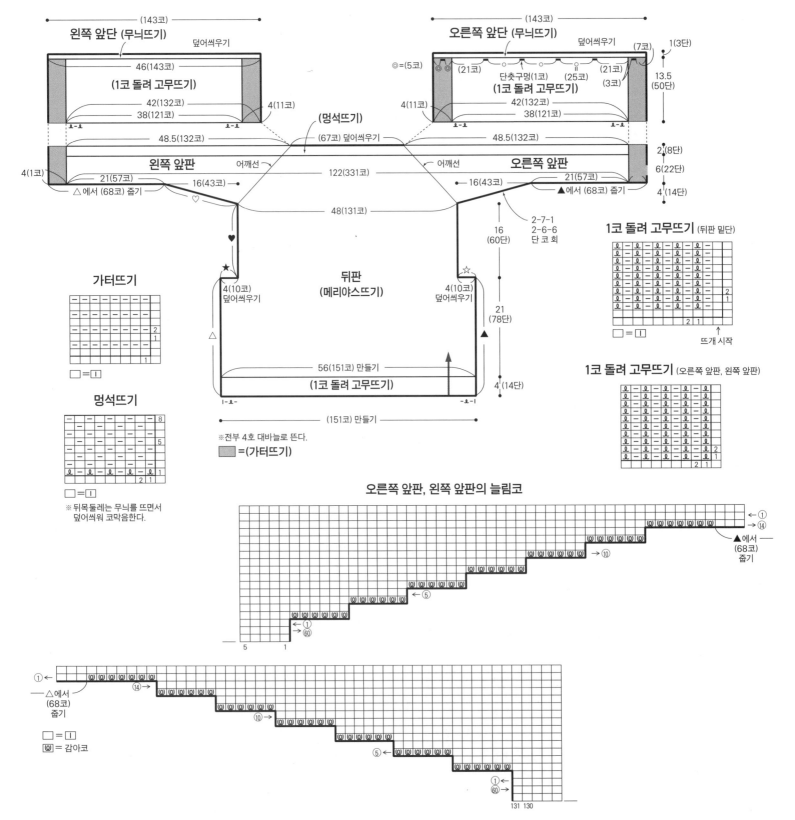

※전부 4호 대바늘로 뜬다.
▨ =(가터뜨기)

※뒤목둘레는 무늬를 뜨면서
덮어씌워 코막음한다.

단춧구멍 (오른쪽 앞판)

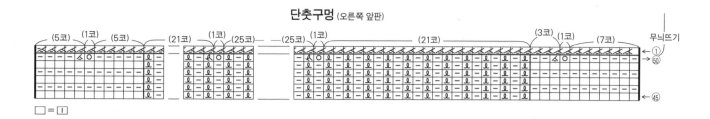

무늬뜨기

(5코)	(1코)	(5코)	(21코)	(1코)	(25코)	(25코)	(1코)	(21코)	(3코)	(1코)	(7코)

← ①
← 50
← 45

□ = ①

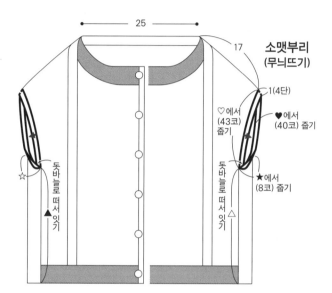

25

17

소맷부리 (무늬뜨기)

1(4단)

♡에서
(43코)
줄기

♥에서
(40코) 줄기

돗바늘로 떠서 잇기

★에서
(8코) 줄기

돗바늘로 떠서 잇기

☆

▲

△

무늬뜨기 (앞단)

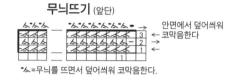

안면에서 덮어씌워
코막음한다

← 3
→ 2
← 1

*ᅀ=무늬를 뜨면서 덮어씌워 코막음한다.

무늬뜨기 (소맷부리)

안면에서 덮어씌워
코막음한다

← 4
← 3
← 2
← 1

*ᅀ=무늬를 뜨면서 덮어씌워 코막음한다.

무늬뜨기 뜨는 법

1 겉면을 보고 뜨는 단. 왼코 겹쳐 2코 모아 안뜨기를 뜨는 것처럼 바늘을 넣고, 실을 당겨서 뺀다.

빼다

2 실을 당겨 뺀 모습. 왼바늘의 오른쪽 코를 바늘에서 뺀다.

3 코를 바늘에서 뺀 모습. 1·2를 반복한다.

4 마지막 1코는 안뜨기로 뜬다.

5 안면을 보고 뜨는 단. 왼코 겹쳐 2코 모아뜨기를 뜨는 것처럼 바늘을 넣고, 실을 당겨서 뺀다.

빼다

6 실을 당겨 뺀 모습. 왼바늘의 오른쪽 코를 바늘에서 뺀다.

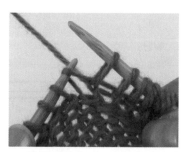

7 코를 바늘에서 뺀 모습. 5·6을 반복하고, 마지막 코는 겉뜨기로 뜬다.

재료
데오리야 하드 리넨 A 겨자색(34) 90g, 그레이베이지(35) 75g, 올리브색(23) 60g

도구
대바늘 5호, 코바늘 5/0호

완성 크기
가슴둘레 152cm, 기장 55.5cm, 화장 43cm

게이지(10cm×10cm)
무늬뜨기 17코×40단

POINT
● 몸판…지정한 색상의 실 3겹으로 뜹니다. 손가

락으로 거는 기초코를 만들어 옆선 부분부터 뜨기 시작하고, 가터뜨기와 무늬뜨기로 뜹니다. 어깨 경사의 늘림코는 도안을 참고하세요. 뜨개 끝은 느슨하게 덮어씌워 코막음합니다.
● 마무리…몸판을 겉이 맞닿게 겹쳐 앞뒤 중심, 옆선을 빼뜨기의 사슬 잇기로 연결하는데, 앞뒤 중심은 겉쪽에 줄무늬가 1줄씩 남도록, 덮어씌워 코막음한 코의 반 코를 각각 주워 빼뜨기합니다. 밑단은 지정 콧수를 주워 메리야스뜨기, 테두리뜨기로 원형뜨기합니다.

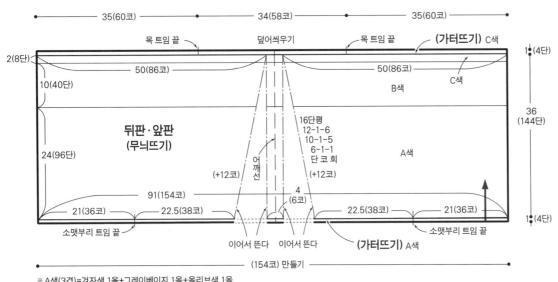

※A색(3겹)=겨자색 1올+그레이베이지 1올+올리브색 1올
　B색(3겹)=겨자색 2올+그레이베이지 1올
　C색(3겹)=겨자색 1올+올리브색 2올
　D색(3겹)=올리브색 1올+그레이베이지 2올
※지정하지 않은 것은 5호 대바늘로 뜬다.
※같은 것을 2장 뜬다.

가터뜨기

□=□

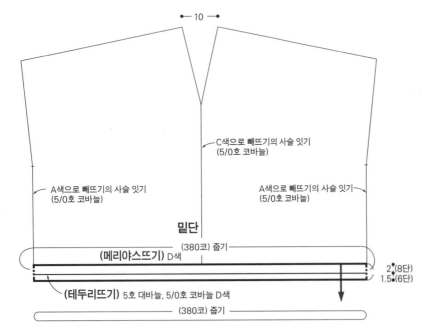

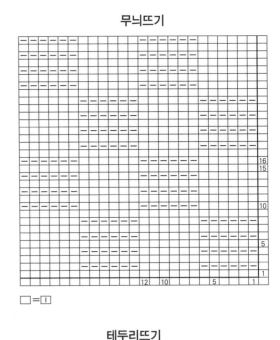

무늬뜨기

□=□

테두리뜨기

□=□

빼뜨기의 사슬 잇기 (앞뒤 중심)

□=□

▷=실 잇기
▶=실 자르기

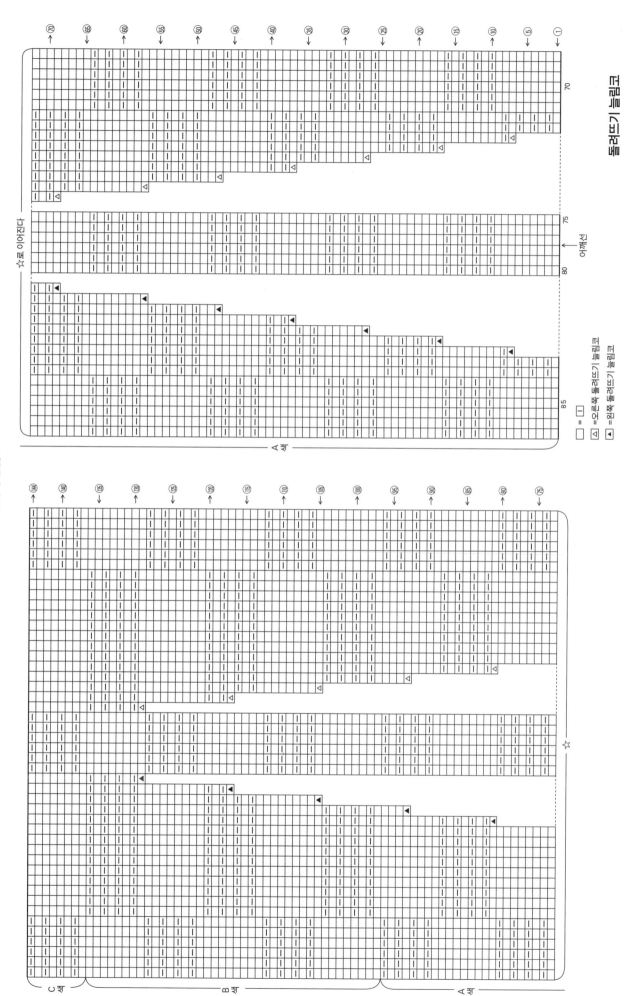

어깨의 늘림코

돌려뜨기 늘림코

△=오른쪽 돌려뜨기 늘림코
▲=왼쪽 돌려뜨기 늘림코

▲왼쪽 돌려뜨기 늘림코
(왼쪽으로 돌리는 돌려뜨기)

△오른쪽 돌려뜨기 늘림코
(오른쪽으로 돌리는 돌려뜨기)

= □
□ =오른쪽 돌려뜨기 늘림코
△ =오른쪽 돌려뜨기 늘림코
▲ =왼쪽 돌려뜨기 늘림코

☆로 이어진다

어깨선

A색
B색
C색

113

재료
데오리야 코튼 리넨 KS 베이지·그레이·네이비 계열 믹스(07) 250g

도구
대바늘 4호·2호

완성 크기
가슴둘레 96cm, 기장 54.5cm, 화장 46cm

게이지(10cm×10cm)
무늬뜨기 A 19.5코×29.5단

POINT
● 몸판·소매…전부 실 2겹으로 뜹니다. 별도 사슬로 기초코를 만들어 뜨기 시작하고, 무늬뜨기 A

로 뜹니다. 래글런선과 목둘레의 줄임코는 도안을 참고하세요. 소매 밑선의 늘림코는 1코 안쪽에서 돌려뜨기 늘림코를 합니다. 무늬뜨기 A는 걸기코와 2코 모아뜨기, 3코 모아뜨기로 구성됩니다. 증감코에서 그중 하나가 없으면 뜨지 않도록 주의하세요.

● 마무리…래글런선, 옆선, 소매 밑선은 돗바늘로 떠서 잇기, 겨드랑이 부분의 코는 메리야스 잇기로 연결합니다. 밑단·목둘레·소맷부리는 지정 콧수를 주워, 무늬뜨기 B로 원형뜨기합니다. 뜨개 끝의 겉뜨기는 겉뜨기로, 안뜨기는 안뜨기로 떠서 덮어씌워 코막음합니다.

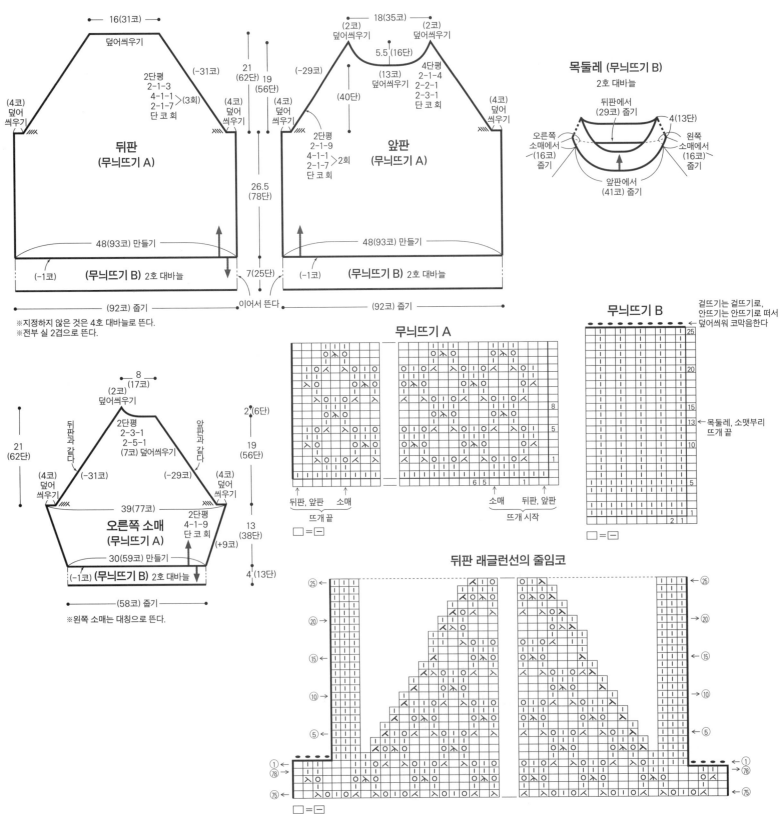

※지정하지 않은 것은 4호 대바늘로 뜬다.
※전부 실 2겹으로 뜬다.

무늬뜨기 A

무늬뜨기 B

□=□

뒤판 래글런선의 줄임코

□=□

목둘레 (무늬뜨기 B)
2호 대바늘

겉뜨기는 겉뜨기로,
안뜨기는 안뜨기로 떠서
덮어씌워 코막음한다.

오른쪽 소매
(무늬뜨기 A)

※왼쪽 소매는 대칭으로 뜬다.

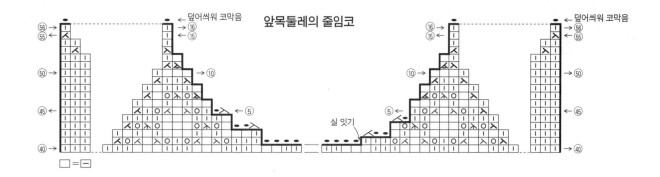

앞목둘레의 줄임코

오른쪽 소매의 래글런선과 목둘레 줄임코

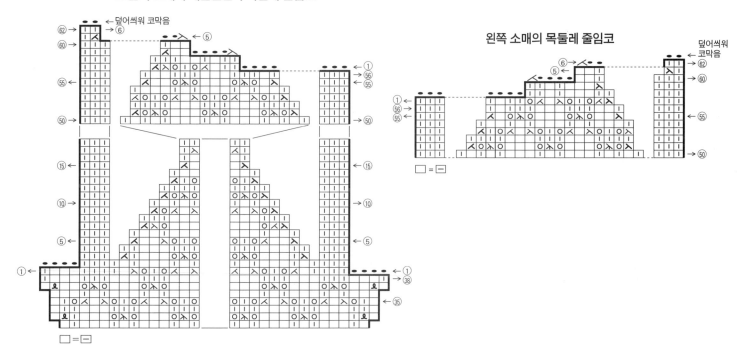

왼쪽 소매의 목둘레 줄임코

1코 돌려 고무뜨기 코막음

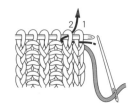

1 1의 코와 2의 코에 화살표와 같이 돗바늘을 넣어 2의 코를 돌린다.

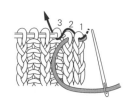

2 다음은 1의 코와 3의 코에 화살표와 같이 돗바늘을 넣는다.

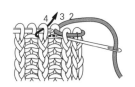

3 2의 코와 4의 코에 화살표와 같이 돗바늘을 넣어 겉뜨기를 돌리면서 1코 고무뜨기 코막음을 한다.

재료
피에로 얀 Carta(카르타) '편지' 스카이 그린(08)
225g 6볼

도구
대바늘 4호·2호·1호

완성 크기
가슴둘레 92cm, 어깨너비 35cm, 기장 53cm

게이지(10cm×10cm)
무늬뜨기 A 30코×35단

POINT
● 몸판…별도 사슬로 기초코를 만들어 뜨기 시작
하고, 무늬뜨기 A로 뜹니다. 줄임코는 2코 이상은

덮어씌우기, 1코는 끝의 1코를 세우는 줄임코를 합니
다. 앞중심의 6코는 쉬어둡니다. 밑단은 기초코
의 사슬을 풀어 코를 주워 무늬뜨기 B로 뜹니다.
뜨개 끝은 겉뜨기는 겉뜨기로, 안뜨기는 안뜨기로
떠서 덮어씌워 코막음합니다.
● 마무리…어깨는 덮어씌워 잇기, 옆선은 돗바늘
로 떠서 잇기로 연결합니다. 목둘레·앞단·진동둘
레는 지정 콧수를 주워 2코 고무뜨기로 뜹니다. 뜨
개 끝은 밑단과 같은 방법으로 합니다. 오른쪽 앞
단의 끝부분은 코와 단 잇기로 몸판과 합칩니다.
왼쪽 앞단의 끝부분은 안쪽에 꿰매어 붙입니다.

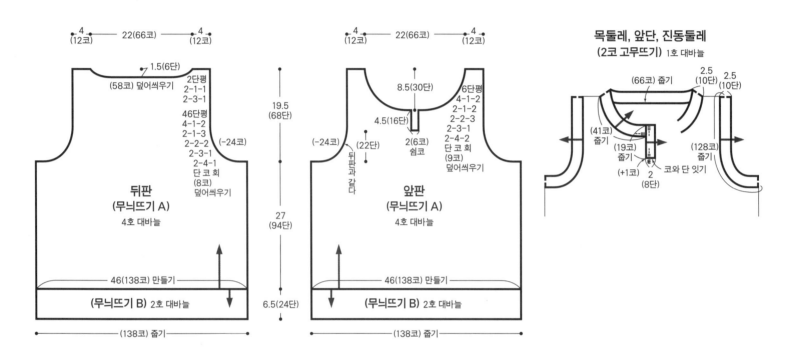

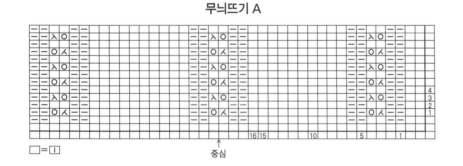

무늬뜨기 A

□=□ 중심

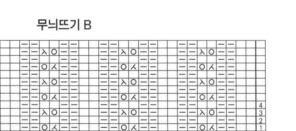

무늬뜨기 B

□=□ 중심

2코 고무뜨기 (목둘레, 진동둘레)

□=□

목둘레
진동둘레
뜨개 시작

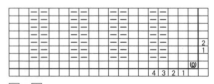

2코 고무뜨기 (오른쪽 앞단)

□=□
[0]=감아코
※왼쪽 앞단은 대칭으로 뜬다.

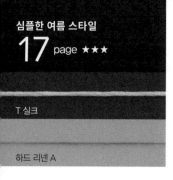

재료
실…데오리야 T 실크 연그레이(04) 220g, 하드 리넨 A 흰색(42) 70g
단추…지름 13mm×9개

도구
대바늘 5호·4호, 코바늘 4/0호

완성 크기
가슴둘레 113cm, 기장 52cm, 화장 37.5cm

게이지(10cm×10cm)
무늬뜨기 A 24.5코×30단

POINT
● 몸판·소매…전부 T 실크와 하드 리넨 A 실을

혼합해 뜹니다. 손가락으로 거는 기초코를 만들어 뜨기 시작하고, 테두리뜨기, 무늬뜨기 A·B·B′로 뜹니다. 줄임코는 2코 이상은 덮어씌우기, 1코는 끝의 1코를 세우는 줄임코를 하고, 앞목둘레의 17코는 쉬어둡니다.
● 마무리…어깨는 덮어씌워 잇기로 연결합니다. 목둘레는 지정 콧수를 주워 테두리뜨기를 합니다. 뜨개 끝은 안면에서 덮어씌워 코막음을 합니다. 옆선과 소매 밑선은 돗바늘로 떠서 잇기로 연결합니다. 밑단, 소맷부리의 지정 위치에 안면에서 빼뜨기합니다. 소매는 빼뜨기로 잇기로 몸판과 합칩니다. 단추를 달아 완성합니다.

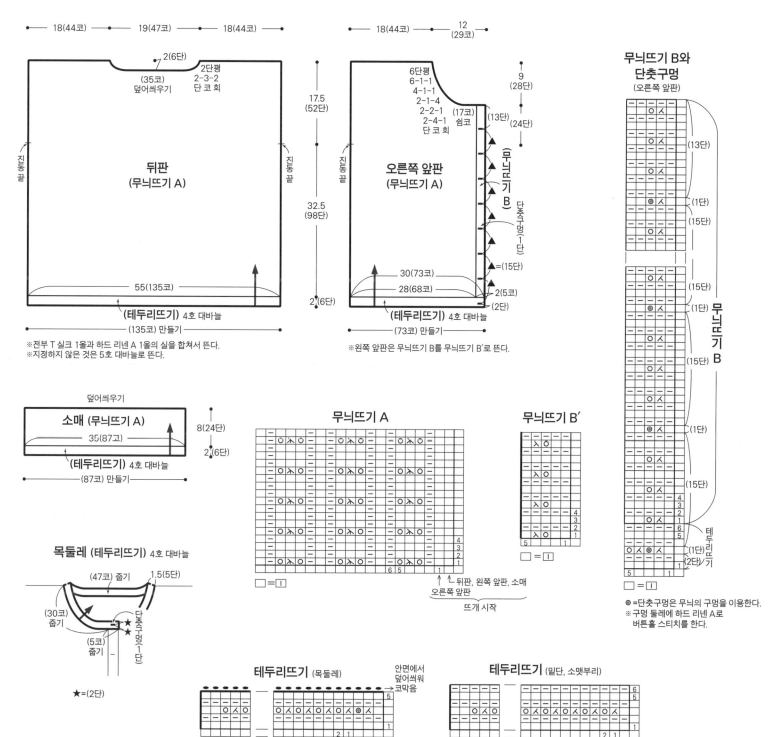

117

재료

실…다이아몬드케이토 다이아 탱고 녹색·보라색

계열 그러데이션(3206) 270g 9볼

단추…지름 15mm×5개

도구

코바늘 4/0호

완성 크기

가슴둘레 110cm, 기장 56cm, 화장 42.5cm

게이지

모티프 한 변이 13.5cm

POINT

● 몸판·소매…모티프 연결로 뜹니다. 2번째 장부
터는 마지막 단에서 이웃하는 모티프와 연결하면
서 뜹니다. 도안을 참고해 가장자리를 정돈합니다.

● 마무리…밑단, 앞단·목둘레는 테두리뜨기를
합니다. 오른쪽 앞단에는 단춧구멍을 만듭니다. 소
맷부리는 테두리뜨기를 원형뜨기로 뜹니다. 단추
를 달아서 완성합니다.

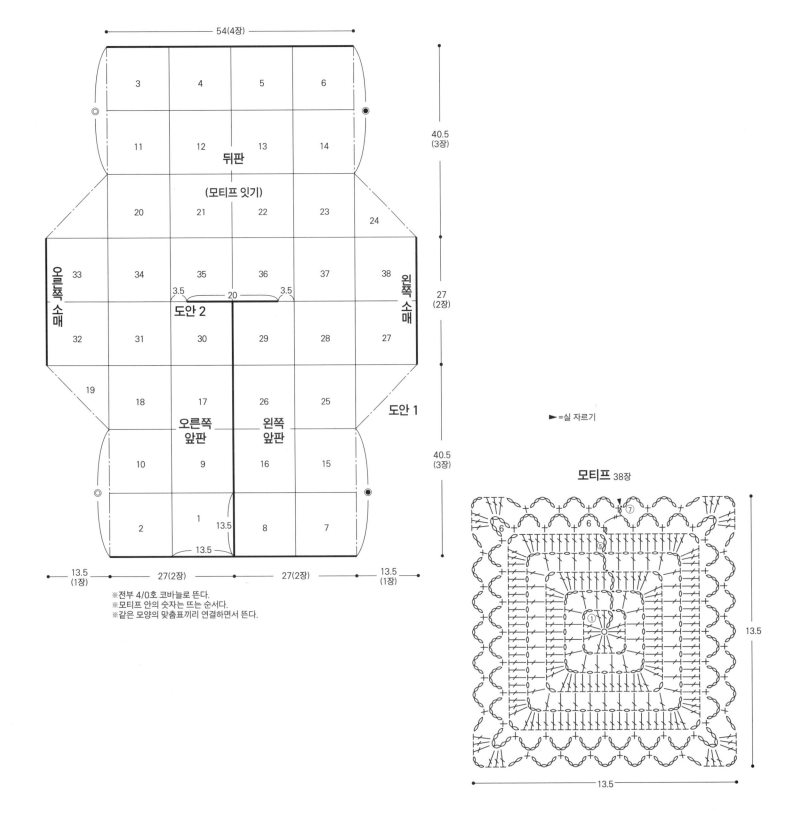

▶ =실 자르기

※전부 4/0호 코바늘로 뜬다.
※모티프 안의 숫자는 뜨는 순서다.
※같은 모양의 맞춤표끼리 연결하면서 뜬다.

모티프 38장

모티프 잇는 법

한 변에서 (32코) 줄기

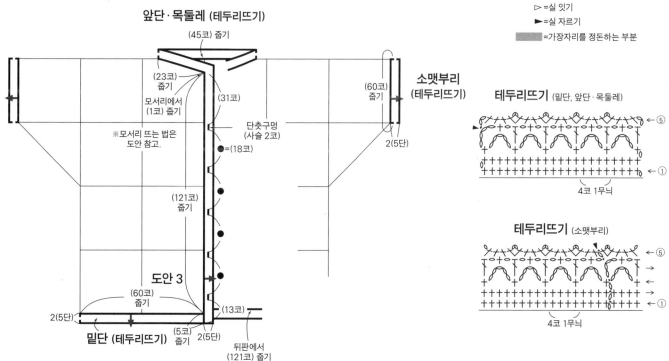

앞단·목둘레 (테두리뜨기)

(45코) 줄기
(23코) 줄기
(31코)
모서리에서 (1코) 줄기
※모서리 뜨는 법은 도안 참고.
단춧구멍 (사슬 2코)
● = (18코)
(121코) 줄기
소맷부리 (테두리뜨기)
(60코) 줄기
2(5단)

도안 3
(60코) 줄기
2(5단)
밑단 (테두리뜨기)
(5코) 줄기
2(5단)
(13코)
뒤판에서 (121코) 줄기

▷ = 실 잇기
► = 실 자르기
▨ = 가장자리를 정돈하는 부분

테두리뜨기 (밑단, 앞단·목둘레)

← ⑤
← ①
4코 1무늬

테두리뜨기 (소맷부리)

← ⑤
→
→
→
← ①
4코 1무늬

120페이지로 이어집니다. ▶

▶ 119페이지에서 이어집니다.

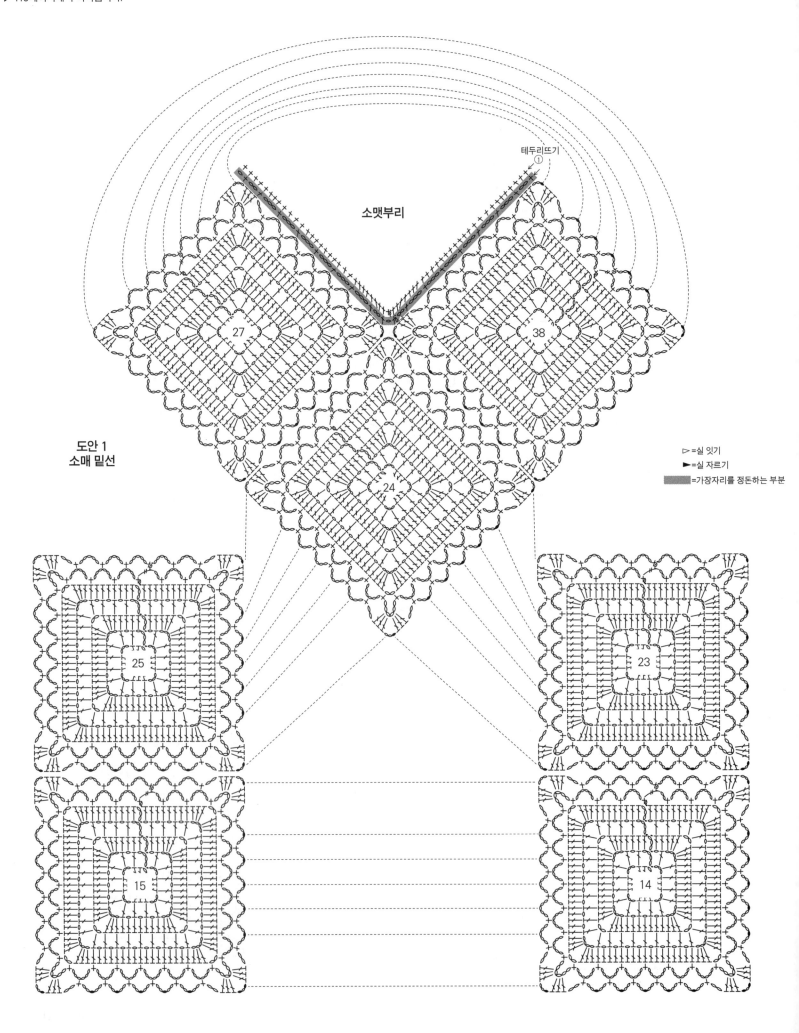

소맷부리

테두리뜨기
①

도안 1
소매 밑선

▷ =실 잇기
► =실 자르기
=가장자리를 정돈하는 부분

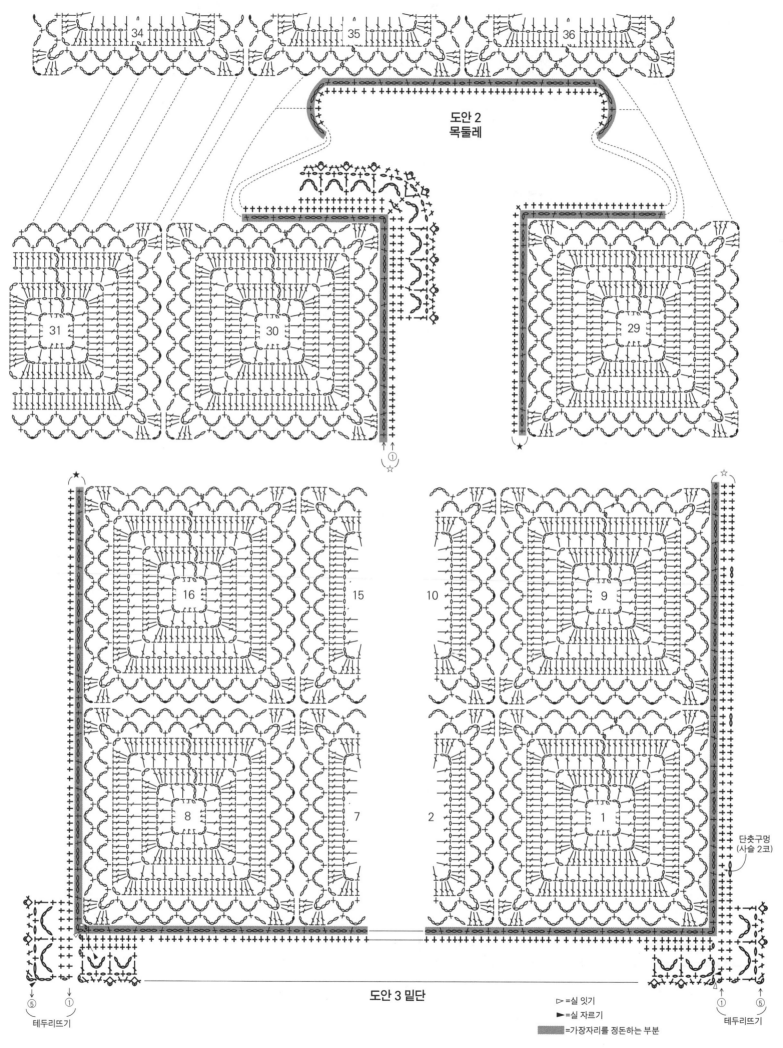

도안 2
목둘레

34

35

36

31

30

29

①
☆

★

16

15

10

9

8

7

2

1

★

☆

단춧구멍
(사슬 2코)

도안 3 밑단

⑤ ①
테두리뜨기

▷ =실 잇기
► =실 자르기
■ =가장자리를 정돈하는 부분

① ⑤
테두리뜨기

재료

다이아몬드케이토 다이아 코스타 소르베 블루 계
열 믹스(3102) 200g 7볼

도구

코바늘 4/0호

완성 크기

가슴둘레 140cm, 기장 50cm, 화장 35.5cm

게이지

무늬뜨기는 1무늬가 5.6cm, 10cm에 8.5단

POINT

● 몸판…사슬뜨기의 기초코를 만들어 뜨기 시작
하고, 무늬뜨기로 뜹니다. 마지막 단은 뜨는 방법
이 달라지므로 주의합니다. 앞목둘레의 줄임코는
도안을 참고하세요.

● 마무리…어깨는 빼뜨기의 사슬 잇기, 옆선은
빼뜨기의 사슬 꿰매기로 연결합니다. 목둘레, 밑
단·슬릿, 소맷부리는 테두리뜨기로 원형뜨기를
하는데, 코를 줍는 위치에 따라 사슬의 콧수가 달
라지므로 도안을 참고하세요.

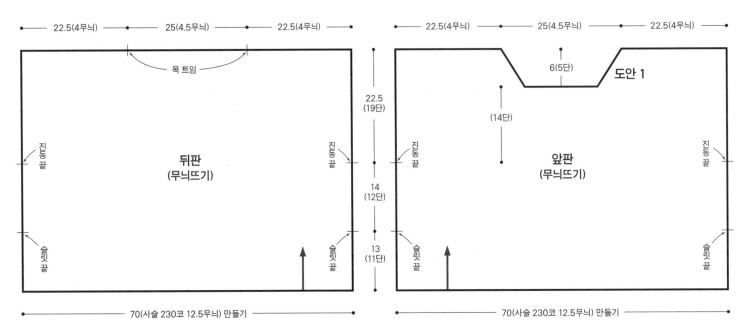

←— 22.5(4무늬) —→ ←— 25(4.5무늬) —→ ←— 22.5(4무늬) —→   ←— 22.5(4무늬) —→ ←— 25(4.5무늬) —→ ←— 22.5(4무늬) —→

목 트임

6(5단)

도안 1

22.5
(19단)

(14단)

진동끝   진동끝

뒤판
(무늬뜨기)

앞판
(무늬뜨기)

진동끝   진동끝

14
(12단)

슬릿끝   슬릿끝

슬릿끝   슬릿끝

13
(11단)

←— 70(사슬 230코 12.5무늬) 만들기 —→   ←— 70(사슬 230코 12.5무늬) 만들기 —→

※전부 4/0호 코바늘로 뜬다.

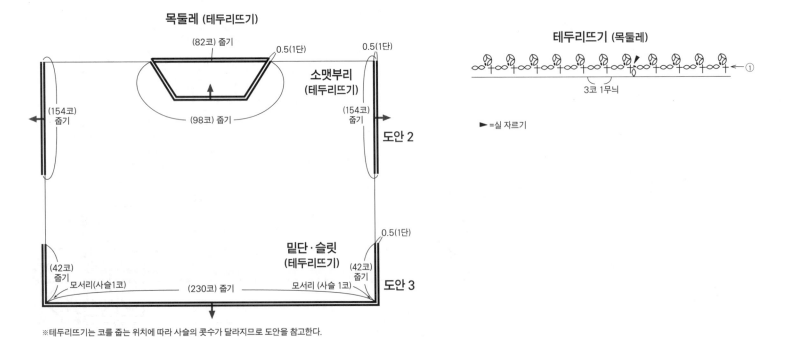

목둘레 (테두리뜨기)

(82코) 줍기   0.5(1단)

0.5(1단)

소맷부리
(테두리뜨기)

(154코)
줍기

(154코)
줍기

(98코) 줍기

도안 2

밑단·슬릿
(테두리뜨기)

0.5(1단)

(42코)
줍기

(42코)
줍기

모서리(사슬1코)   (230코) 줍기   모서리 (사슬 1코)   도안 3

※테두리뜨기는 코를 줍는 위치에 따라 사슬의 콧수가 달라지므로 도안을 참고한다.

테두리뜨기 (목둘레)

←—①

3코 1무늬

►=실 자르기

무늬뜨기

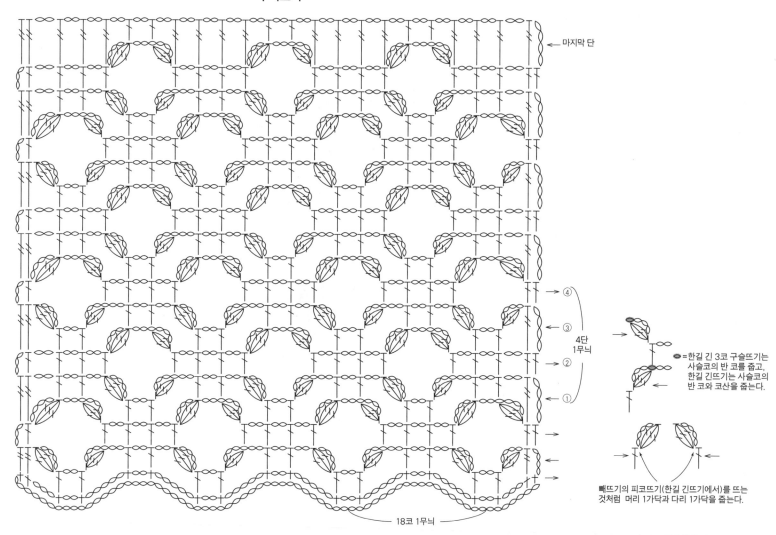

← 마지막 단

④
③
②
①
4단
1무늬

= 한길 긴 3코 구슬뜨기는
사슬코의 반 코를 줍고,
한길 긴뜨기는 사슬코의
반 코와 코산을 줍는다.

빼뜨기의 피코뜨기(한길 긴뜨기에서)를 뜨는
것처럼 머리 1가닥과 다리 1가닥을 줍는다.

18코 1무늬

124페이지로 이어집니다. ▶

 의 뜨는 법

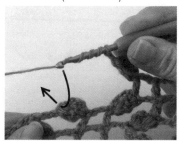

1 바늘에 실을 4회 감아 화살표와 같이 바늘을 넣고, 미완성의 한길 긴뜨기를 뜬다.

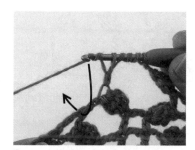

2 다시 실을 2회 감아 화살표와 같이 바늘을 넣고, 미완성의 두길 긴뜨기를 뜬다.

3 미완성의 한길 긴뜨기와 두길 긴뜨기를 뜬 모습. 바늘에 실을 걸고 바늘 끝에 걸려 있는 고리 3개를 뺀다.

4 다시 고리를 2개씩 2회 뺀다.

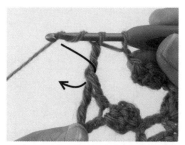

5 바늘에 실을 2회 감아 화살표와 같이 바늘을 넣고, 실을 당겨 뺀다.

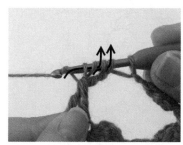

6 바늘 끝에 걸린 고리를 2개씩 2회 뺀다.

7 다시 실을 감고 고리 3개를 한 번에 뺀다.

8 완성한 모습.

▶ 123페이지에서 이어집니다.

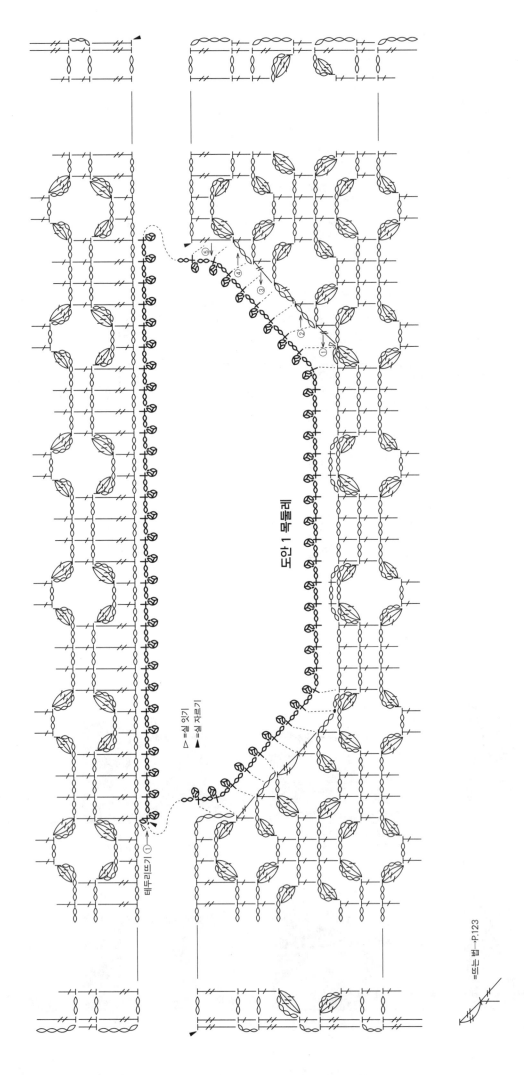

△=실 잇기
▲=실 자르기

도안 1 몸판뒤

=뜨는 법→P.123

테두리뜨기 ①→

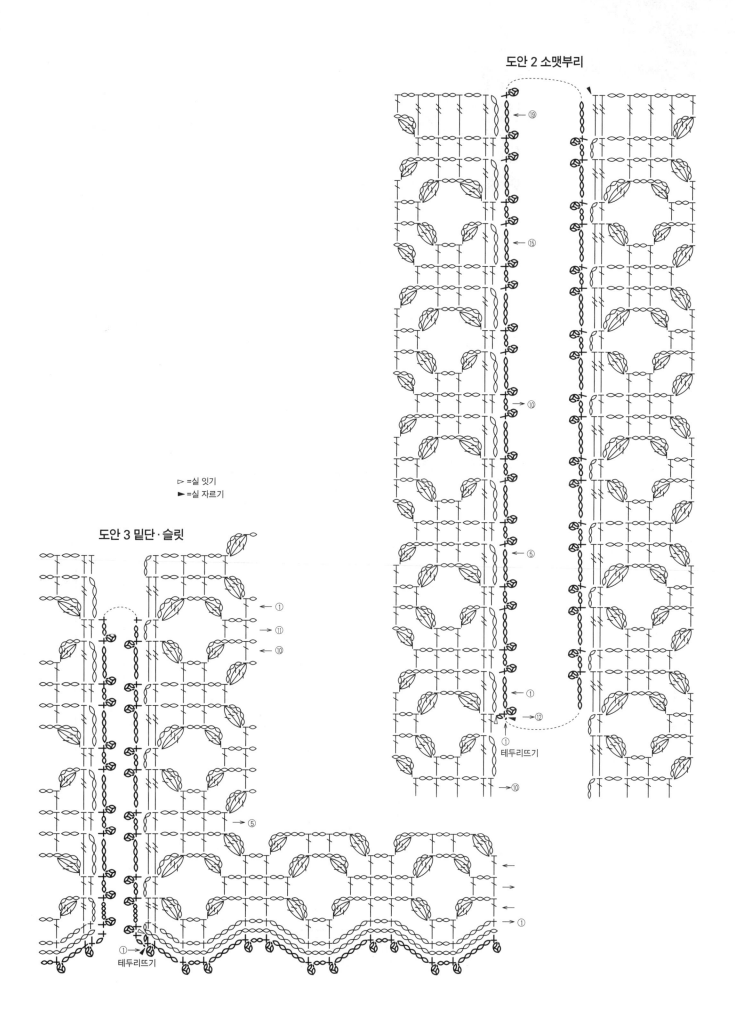

도안 2 소맷부리

▷ =실 잇기
► =실 자르기

도안 3 밑단·슬릿

테두리뜨기

재료
S…리치모어 바르셀로나 갈색(5) 265g 7볼
M…리치모어 바르셀로나 갈색(5) 305g 8볼
L…리치모어 바르셀로나 갈색(5) 355g 9볼
XL…리치모어 바르셀로나 갈색(5) 400g 10볼

도구
대바늘 8호·6호

완성 크기
S…가슴둘레 96cm, 기장 56cm, 화장 34.5cm
M…가슴둘레 106cm, 기장 60cm, 화장 36.5cm
L…가슴둘레 116cm, 기장 65cm, 화장 40cm
XL…가슴둘레 126cm, 기장 69.5cm, 화장 42cm

게이지(10×10cm)
메리야스뜨기 16코×23단

POINT
● 몸판…손가락에 실을 걸어서 기초코를 만들어 뜨기 시작해 무늬뜨기 A와 메리야스뜨기로 뜹니다. 요크 '아래'는 앞뒤 몸판에서 코를 주워 줄임코를 하며 메리야스뜨기로 원형으로 뜹니다. 요크 '위'는 도안을 참고해 줄임코를 하면서 메리야스뜨기로 왕복해 뜹니다. 이어서 목둘레는 요크에서 코를 주워 무늬뜨기 A로 원형으로 뜹니다. 뜨개 끝은 도안을 참고해 줄임코를 하면서 무늬가 이어지게끔 떠서 덮어씌워 코막음합니다.
● 마무리…옆선은 떠서 꿰매기를 합니다. 소맷부리는 몸판처럼 기초코를 만들어 뜨기 시작해 무늬뜨기 B로 뜹니다. 뜨개 끝은 덮어씌워 코막음하고 기초코와 휘감아 잇기를 합니다. 소맷부리는 떠서 꿰매기로 몸판과 연결합니다.

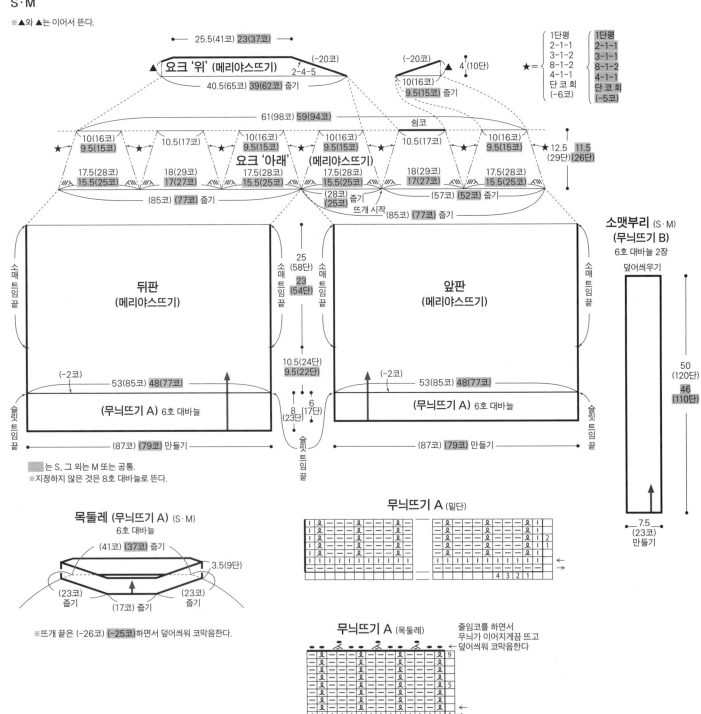

L·XL

※▲와 ▲는 이어서 뜬다.

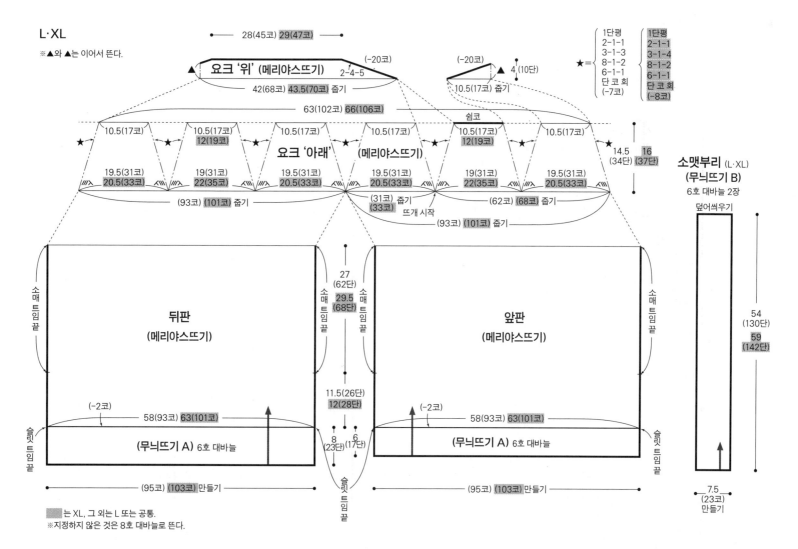

128페이지로 이어집니다. ▶

목둘레 (무늬뜨기 A) (L·XL)
6호 대바늘

(45코) (47코) 줄기

3.5(9단)

(23코) 줄기 (23코) 줄기

(17코) (19코) 줄기

※뜨개 끝은 (-27코) (-28코) 하면서 덮어씌워 코막음한다.

마무리하는 법

떠서 꿰매기

휘감아 잇기

무늬뜨기 B

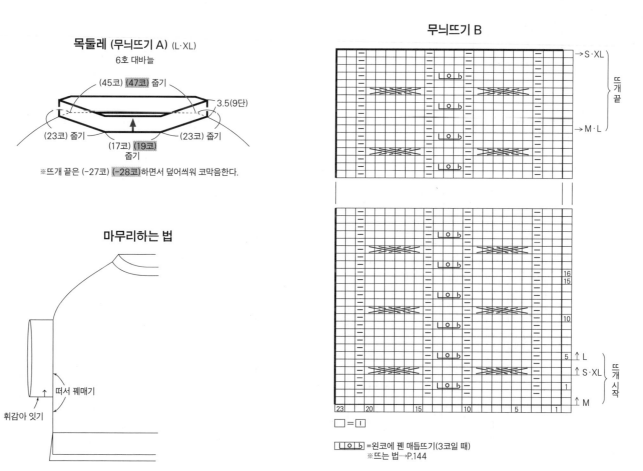

□ = |

|o b = 왼코에 꿴 매듭뜨기(3코일 때)
※뜨는 법→P.144

▶ 127페이지에서 이어집니다.

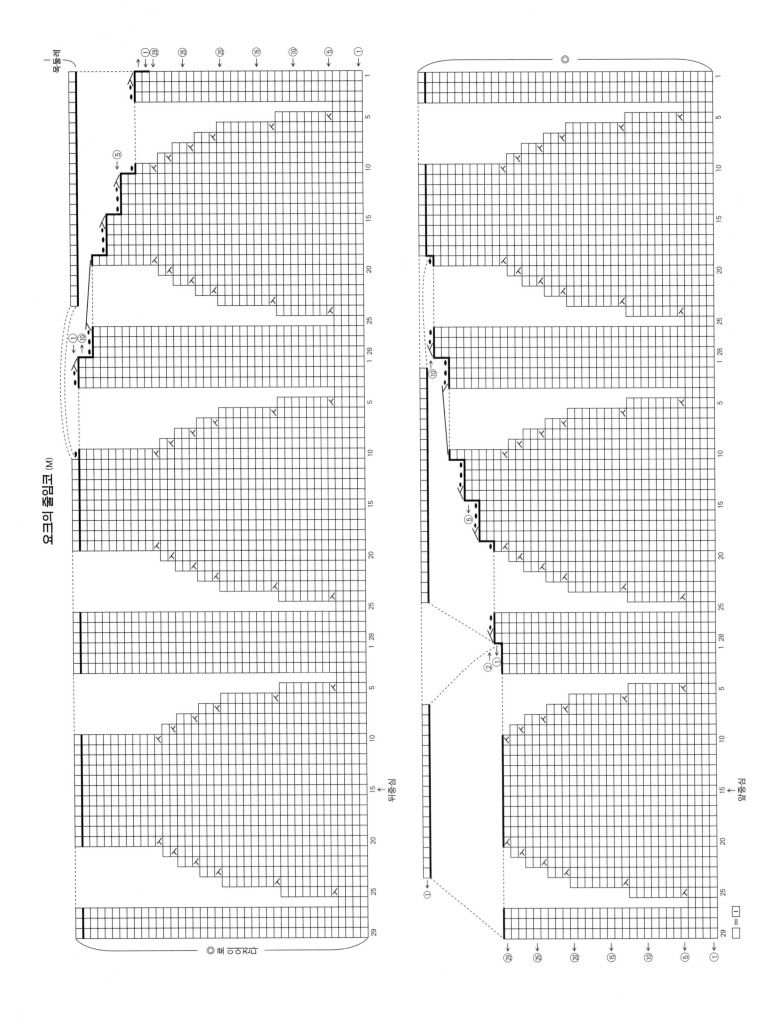

재료
올림포스 에미 그란데 라이트그레이지(811) 250g 5볼
도구
코바늘 2/0호
완성 크기
가슴둘레 108cm, 기장 48.5cm, 화장 28cm
게이지(10×10cm)
무늬뜨기 A 33.5코×13.5단, 무늬뜨기 B 37.5코×17단

POINT
● 몸판…뒤판 '위'와 앞판 '위'는 사슬뜨기로 기초코를 만들어 뜨기 시작해 무늬뜨기 A로 뜹니다. 줄임코는 도안을 참고해 뜹니다. 뒤판 '아래'와 앞판 '아래'는 지정 콧수를 주워 무늬뜨기 B로 뜹니다.
● 마무리…어깨는 휘감아 잇기, 옆선은 사슬뜨기와 빼뜨기로 꿰매기를 합니다. 소맷부리는 테두리뜨기 A로 뜹니다. 목둘레 리브는 지정 콧수를 주워 짧은뜨기로 뜹니다. 목둘레는 몸판 안쪽을 보면서 코를 주워 무늬뜨기 B'로 뜹니다. 가장자리는 테두리뜨기 B로 정돈합니다.

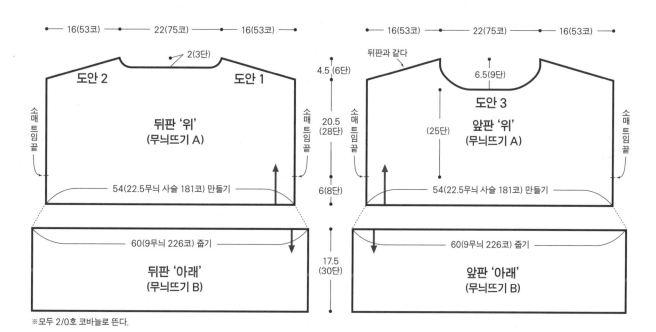

※모두 2/0호 코바늘로 뜬다.

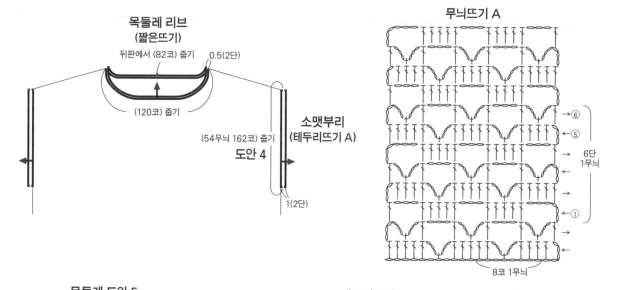

목둘레 리브
(짧은뜨기)

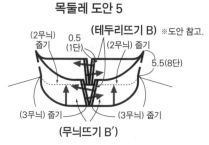

무늬뜨기 A

목둘레 도안 5

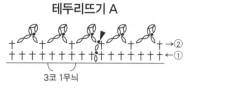

테두리뜨기 A

▶ =실 자르기

테두리뜨기 B

※접었을 때 겉쪽이 나오게 몸판 안쪽을 보면서 뜹니다.

130페이지로 이어집니다. ▶

▶ 129페이지에서 이어집니다.

▷ =실 잇기
► =실 자르기

무늬뜨기 B

도안 4
소맷부리

테두리뜨기 A

무늬뜨기 B′ (목둘레)

도안 5 목둘레

테두리뜨기 B   테두리뜨기 B

중심

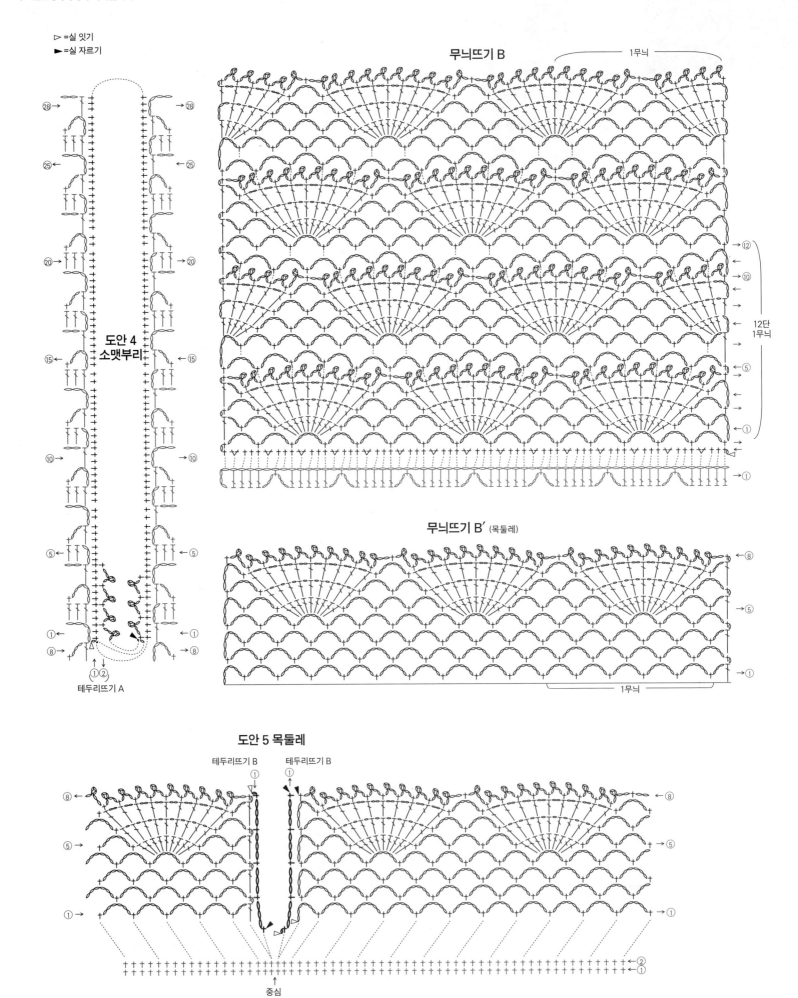

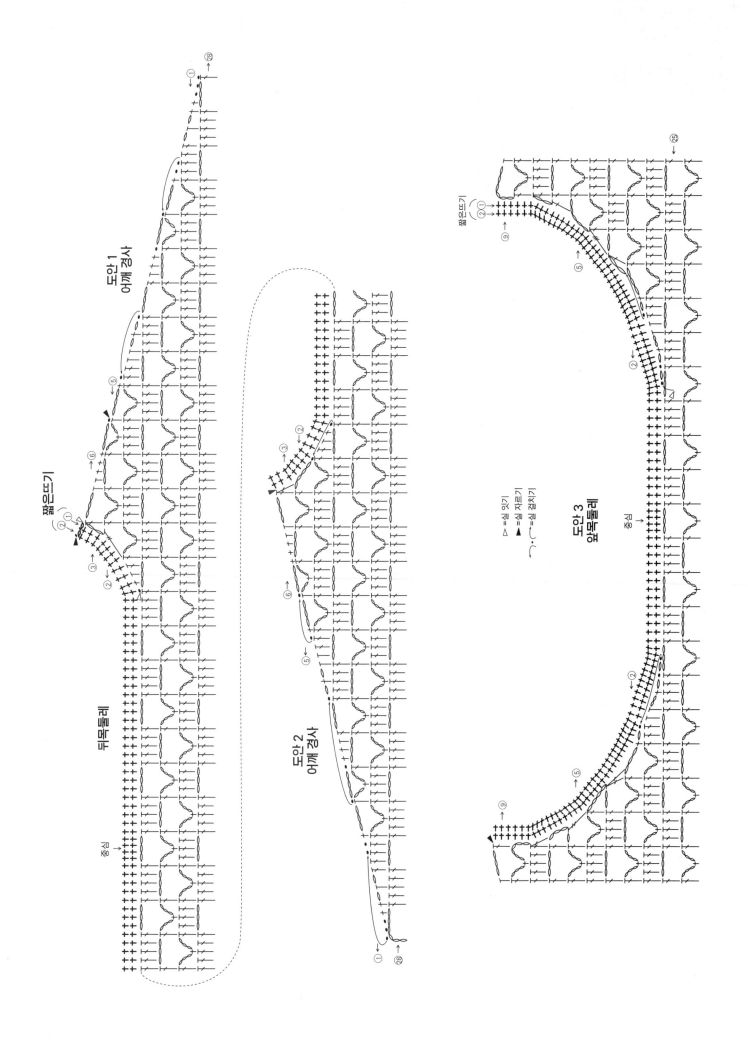

도안 1
아래 경사

짧은뜨기

뒤목둘레

중심

도안 2
아래 경사

△ =실 잇기
▲ =실 자르기
⌒、⌒ =실 겹치기

도안 3
앞목둘레

짧은뜨기

중심

재료
실…올림포스 에미 그란데 덜블루(343) 310g 7볼
단추…지름 14mm×6개

도구
코바늘 3/0호

완성 크기
가슴둘레 96cm, 기장 51.5cm, 화장 36.5cm

게이지
모티프 1변 6cm

POINT
● 몸판·소매…모두 연속 모티프로 뜹니다. 도안을 참고해 차례로 뜹니다.
● 마무리…밑단·앞단·목둘레와 소맷부리는 테두리뜨기로 원형으로 뜹니다. 단추를 달아 마무리합니다.

뒤판 (연속 모티프)

오른쪽 앞판과 이어서 뜬다

(143코) 줍기 (테두리뜨기)

왼쪽 앞판과 이어서 뜬다

48(8장)

0.5(2단)

36(6장)

도안 4

도안 3

30(5장)

24(4장)

12(2장)

오른쪽 소매

왼쪽 소매

도안 2

도안 1

36(6장)

오른쪽 앞판

뜨개 끝 뜨개 시작

왼쪽 앞판

12(2장) — 24(4장) — 24(4장) — 12(2장)

※모두 3/0호 코바늘로 뜬다.
※맞춤 표시끼리는 이어서 뜬다.
※모티프 안의 숫자는 연결하는 순서다.

6
6

►=실 자르기

테두리뜨기

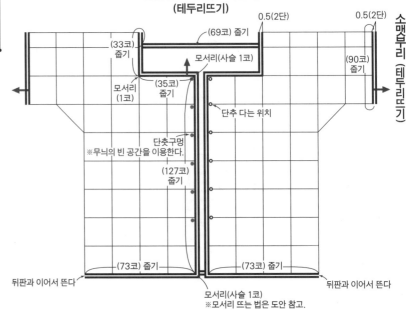

앞판 밑단·앞단·목둘레
(테두리뜨기)

소맷부리 (테두리뜨기)

0.5(2단)   0.5(2단)

(33코) 줍기   (69코) 줍기   (90코) 줍기

모서리(사슬 1코)

모서리(1코)   (35코) 줍기

단추 다는 위치

단춧구멍
※무늬의 빈 공간을 이용한다.

(127코) 줍기

(73코) 줍기   (73코) 줍기

뒤판과 이어서 뜬다   뒤판과 이어서 뜬다

모서리(사슬 1코)
※모서리 뜨는 법은 도안 참고.

╀=변형 되돌아 짧은뜨기

→②
←①

모티프 잇는 법

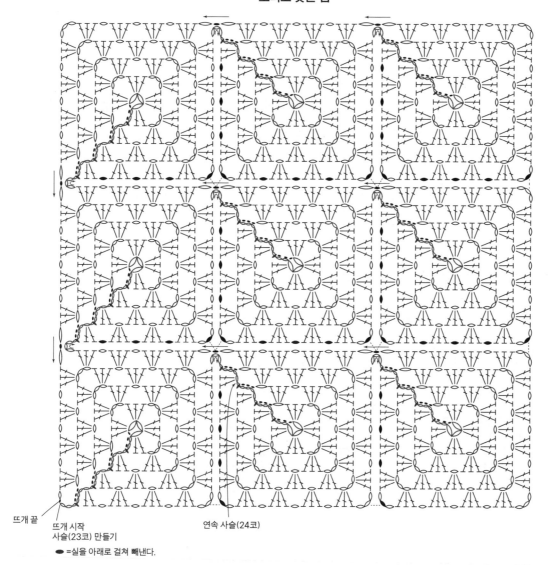

뜨개 끝　뜨개 시작
　　　　사슬(23코) 만들기

연속 사슬(24코)

● =실을 아래로 걸쳐 **빼낸다**.

변형 되돌아 짧은뜨기(한 코 줍기)

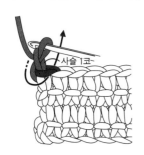

1 기둥코인 사슬을 1코 뜬 뒤 화살표
　와 같이 코바늘을 넣고

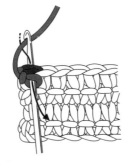

2 실을 걸어 한꺼번에 빼낸다.

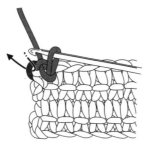

3 화살표와 같이 코바늘을 넣고 실을
　빼내

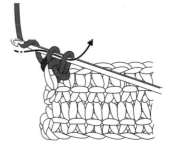

4 짧은뜨기를 뜬다.

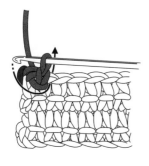

5 화살표와 같이 코바늘을 넣고

6 실을 걸어 한꺼번에 빼낸다.

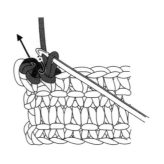

7 화살표와 같이 코바늘을 넣고 실을
　빼내

8 짧은뜨기를 뜬다. 5~8을 반복한다.

134페이지로 이어집니다. ▶

▶ 133페이지에서 이어집니다.

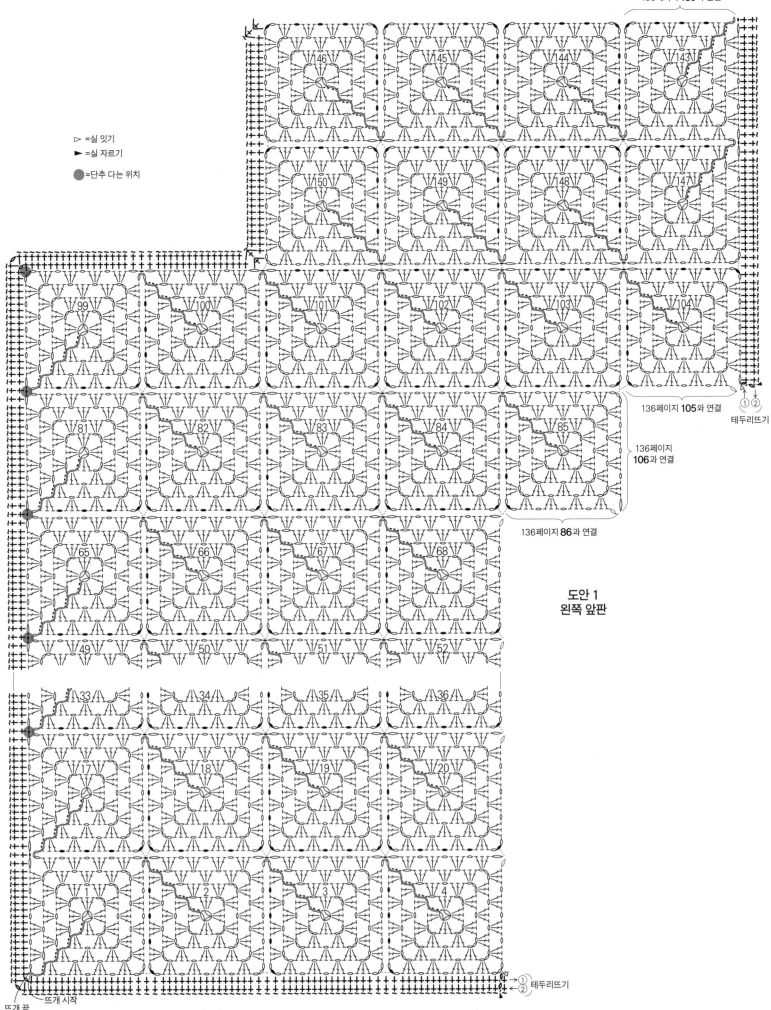

▷ =실 잇기
► =실 자르기
● =단추 다는 위치

136페이지 139와 연결

146 145 144 143

150 149 148 147

136페이지 105와 연결

테두리뜨기

99 100 101 102 103 104

136페이지 106과 연결

81 82 83 84 85

136페이지 86과 연결

65 66 67 68

도안 1
왼쪽 앞판

49 50 51 52

33 34 35 36

17 18 19 20

1 2 3 4

① ② 테두리뜨기

뜨개 시작

뜨개 끝

★ 개수는 작품을 선택하는 기준으로 참고해주세요. ★···초심자도 안심, ★★···자신이 조금 생겼다면, ★★★···끈기도 겸비한 중·상급자, ★★★★···솜씨에 자신 있음. 실은 실물 크기입니다.

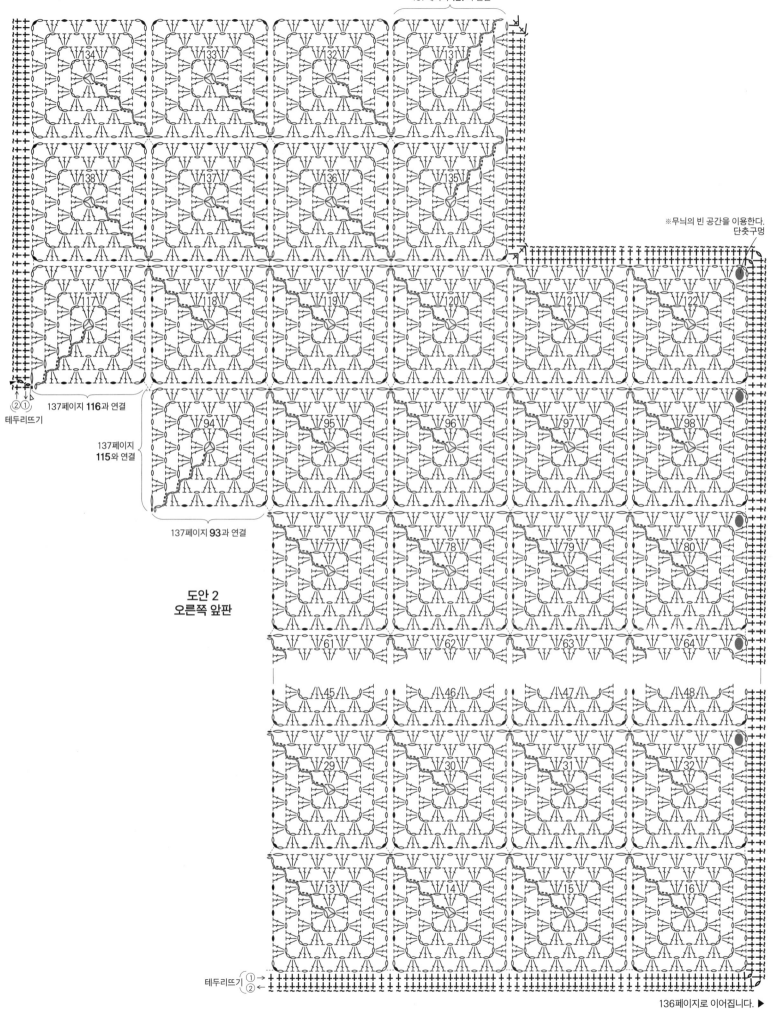

137페이지 127과 연결

※무늬의 빈 공간을 이용한다.
단촛구멍

137페이지 116과 연결

②①
테두리뜨기

137페이지
115와 연결

도안 2
오른쪽 앞판

137페이지 93과 연결

테두리뜨기 ①→
②←

136페이지로 이어집니다. ▶

▶ 135페이지에서 이어집니다.

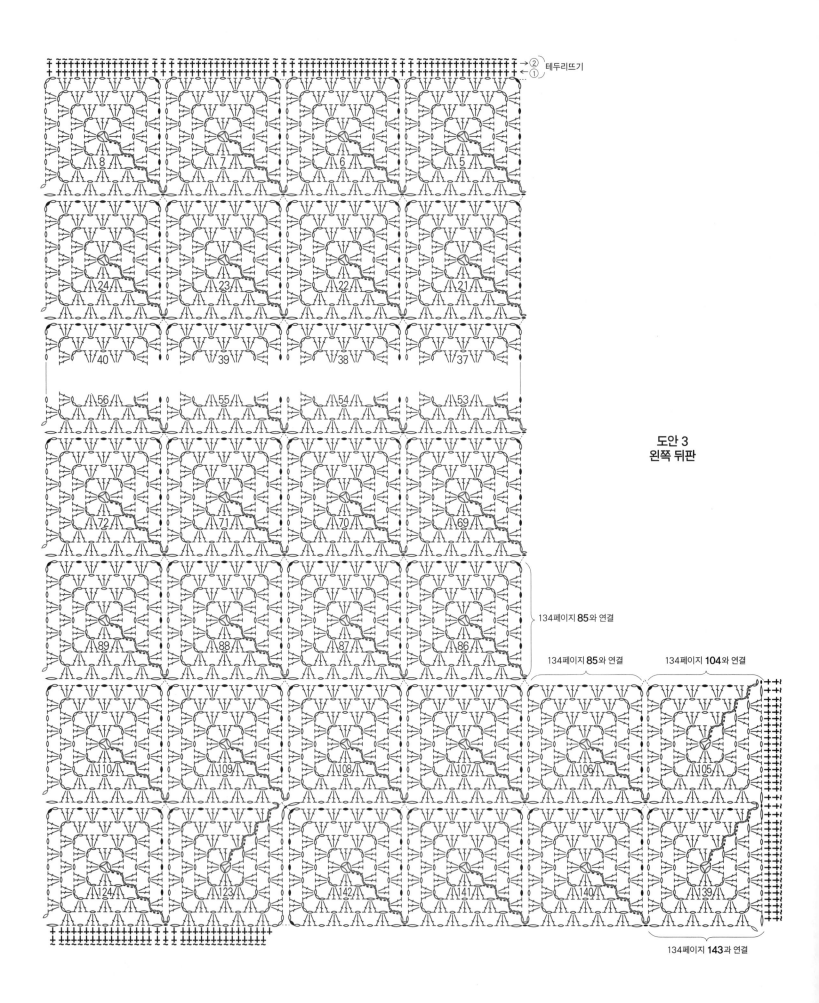

테두리뜨기

도안 3
왼쪽 뒤판

134페이지 85와 연결

134페이지 85와 연결

134페이지 104와 연결

134페이지 143과 연결

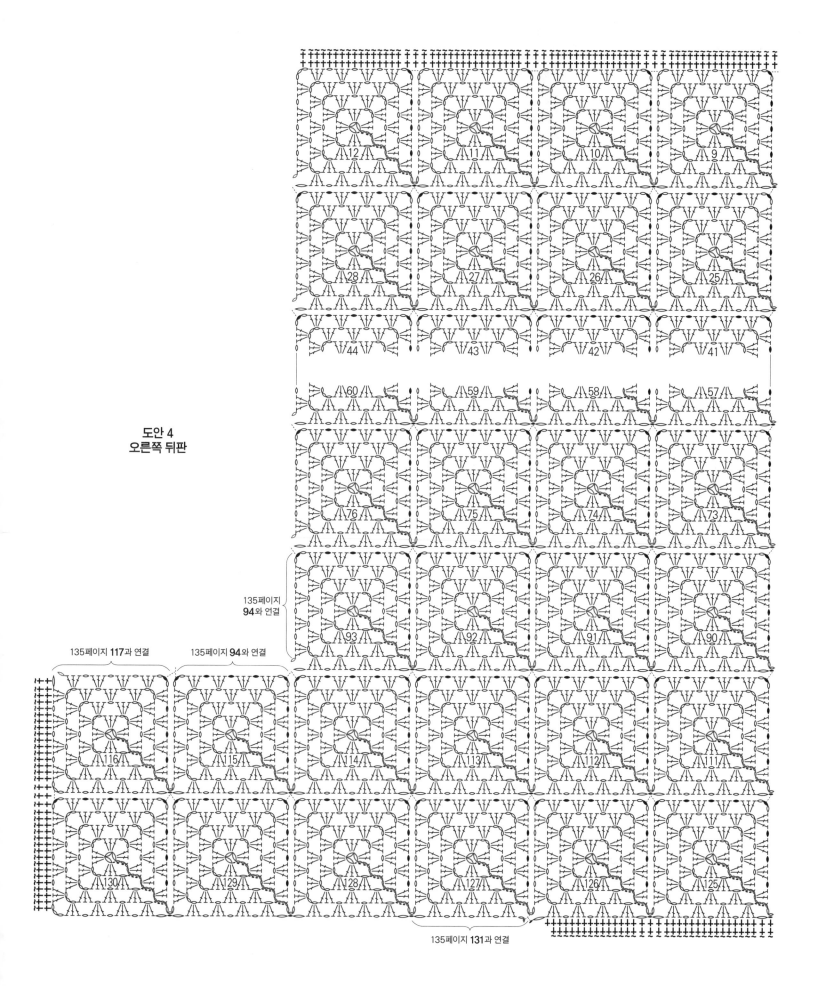

도안 4
오른쪽 뒤판

135페이지
94와 연결

135페이지 **117**과 연결　135페이지 **94**와 연결

135페이지 **131**과 연결

재료
올림포스 에미 그란데 짙은 파랑(335) 430g 9볼
도구
코바늘 4/0호·3/0호·2/0호
완성 크기
가슴둘레 94cm, 어깨너비 35cm, 기장 95.5cm
게이지
무늬뜨기 1무늬=3cm, 9.5단=10cm(2/0호 코바늘), 모티프 크기는 도안 참고
POINT

● 몸판…모티프 잇기로 뜨기 시작합니다. 모티프

는 2번째 장부터 마지막 단에서 옆 모티프와 빼뜨기로 연결해 원형으로 만듭니다. 앞뒤 몸판은 모티프에서 코를 주워 테두리뜨기 A, 무늬뜨기로 게이지 조정을 하면서 뜹니다. 줄임코는 도안을 참고하세요. 어깨는 사슬뜨기와 빼뜨기로 잇기, 옆선은 사슬뜨기와 빼뜨기로 꿰매기를 합니다.

● 마무리…밑단은 도안을 참고해 모티프에서 코를 주워 테두리뜨기 B·C로 원형으로 뜹니다. 목둘레·진동둘레는 지정 콧수를 주워 테두리뜨기 D로 원형으로 뜹니다.

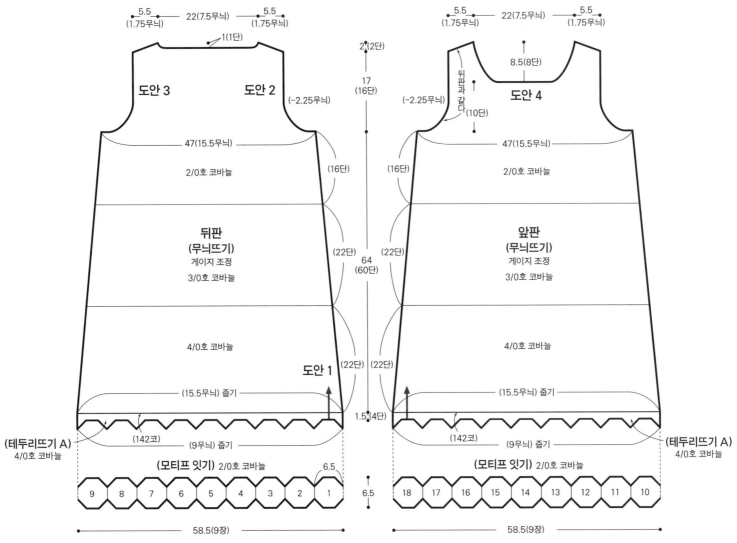

※모티프 안의 숫자는 연결하는 순서다.

138

무늬뜨기

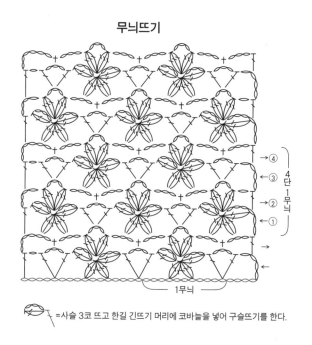

=사슬 3코 뜨고 한길 긴뜨기 머리에 코바늘을 넣어 구슬뜨기를 한다.

모티프 18장

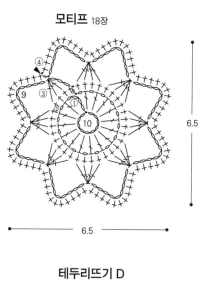

6.5

6.5

테두리뜨기 D

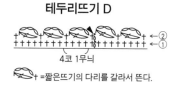

→②
←①

4코 1무늬

=짧은뜨기의 다리를 갈라서 뜬다.

▷ =실 잇기
► =실 자르기

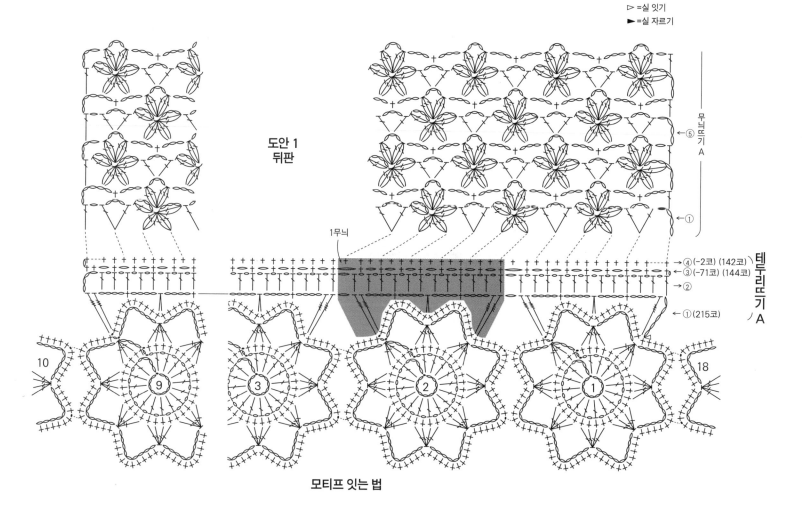

도안 1
뒤판

무늬뜨기 A

1무늬

→④(-2코)(142코)
←③(-71코)(144코)
→②
←①(215코)

테두리뜨기 A

모티프 잇는 법

140페이지로 이어집니다. ▶

▶ 139페이지에서 이어집니다.

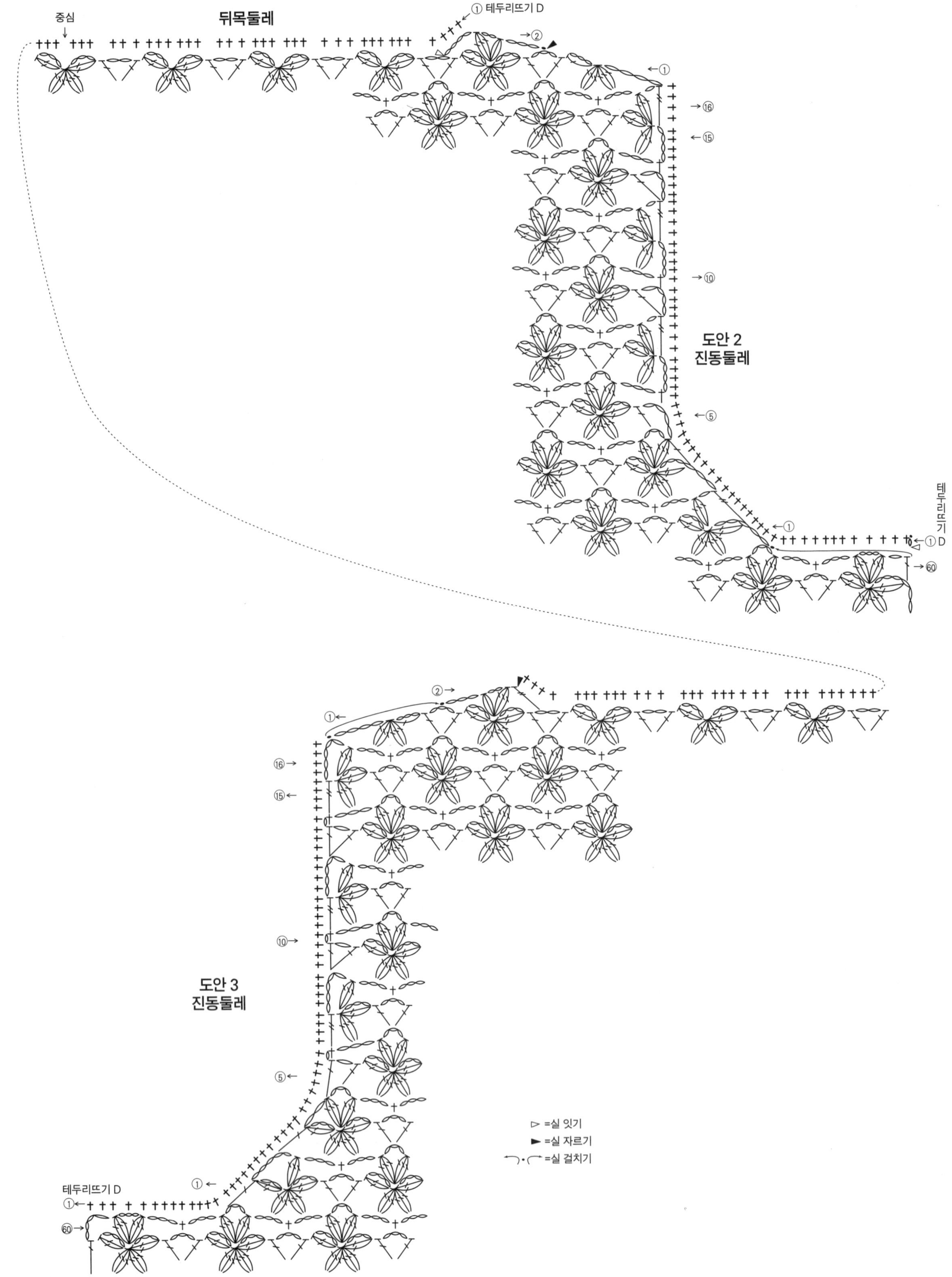

중심

뒤목둘레

① 테두리뜨기 D

→②

→①

←⑯

←⑮

→⑩

도안 2
진동둘레

←⑤

테
두
리
뜨
기
D

①

①

→⑥

②→

①←

⑯→

⑮←

→⑩

도안 3
진동둘레

⑤←

▷ =실 잇기

► =실 자르기

⌒ · =실 걸치기

①←

테두리뜨기 D

①

⑥

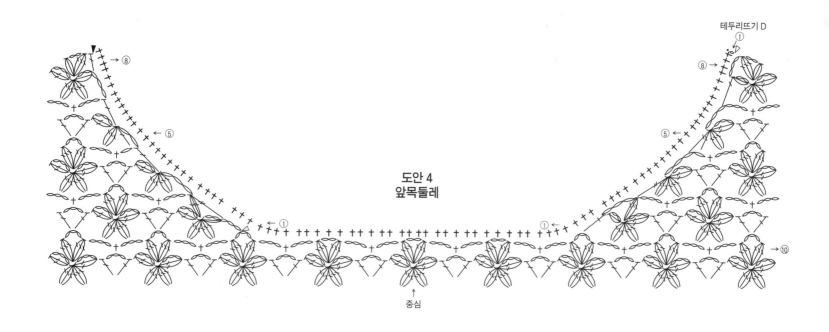

도안 4
앞목둘레

중심

▷ =실 잇기
► =실 자르기

테두리뜨기 D
①
⑧
⑤
①
⑩

테두리뜨기 B

1무늬
②(384코)
(-48코)
①(432코)

15 16 17 18 1

테두리뜨기 C

1무늬
④
③
②
①

재료

풀오버…올림포스 에미 그란데 실버화이트(481) 210g 5볼, 라이트그레이(485) 40g 1볼

탈부착 칼라…올림포스 에미 그란데 라이트그레이(485) 30g 1볼

도구

코바늘 2/0호

완성 크기

풀오버…가슴둘레 104cm, 기장 49cm, 화장 26.5cm

탈부착 칼라…목둘레 50cm, 기장 8cm

게이지

줄무늬 무늬뜨기(10×10cm) 40코×15단. 무늬뜨기 1무늬=1.7cm(뜨개 시작 쪽), 7단=7cm

POINT

● 풀오버…사슬뜨기로 기초코를 만들어 뜨기 시작해 앞뒤 몸판을 이어서 줄무늬 무늬뜨기로 뜹니다. 22단을 뜨고 도안을 참고해 앞뒤 몸판을 따로 뜹니다. 각각 35단을 뜨고 앞뒤 몸판을 이어서 뜹니다. 옆선은 휘감아 잇기를 합니다. 밑단·목둘레·소맷부리는 지정 콧수를 주워 줄무늬 테두리 뜨기로 원형으로 뜹니다.

● 탈부착 칼라…사슬뜨기로 기초코를 만들어 뜨기 시작해 무늬뜨기로 뜹니다. 이어서 목둘레를 짧은뜨기와 테두리뜨기로 뜹니다. 단추를 뜨고 지정 위치에 꿰매 답니다.

풀오버

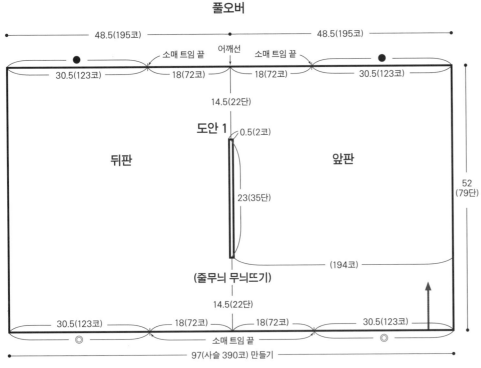

48.5(195코) — 48.5(195코)

30.5(123코) | 18(72코) | 18(72코) | 30.5(123코)

소매 트임 끝 | 어깨선 | 소매 트임 끝

14.5(22단)

도안 1

0.5(2코)

뒤판

앞판

23(35단)

52(79단)

(194코)

(줄무늬 무늬뜨기)

14.5(22단)

30.5(123코) | 18(72코) | 18(72코) | 30.5(123코)

소매 트임 끝

97(사슬 390코) 만들기

※ 모두 2/0호 코바늘로 뜬다.
※ ●와 ●, ◎와 ◎는 휘감아 잇기.

줄무늬 테두리뜨기

① ②

± = 짧은 줄기뜨기
※ 뜨는 법→P.158

► = 실 자르기

목둘레·소맷부리 (줄무늬 테두리뜨기)

0.5(2단)

(158코) 줍기

(109코) 줍기

0.5(2단)

실버화이트 실로 휘감아 잇기

밑단 (줄무늬 테두리뜨기)

0.5(2단)

(350코) 줍기

줄무늬 무늬뜨기

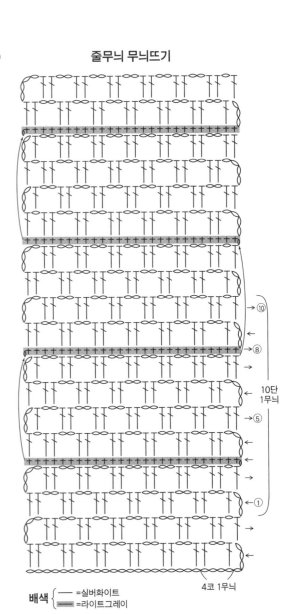

→⑩

10단 1무늬

→⑧

→⑤

→①

4코 1무늬

배색 { ── = 실버화이트
▬▬ = 라이트그레이 }

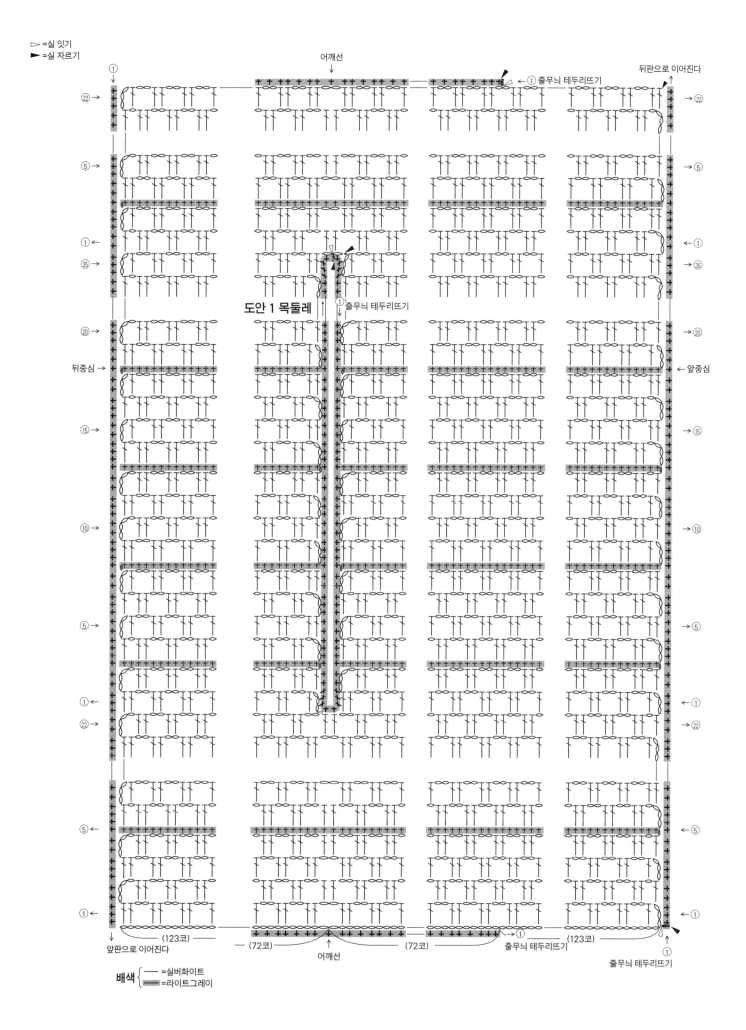

144페이지로 이어집니다. ▶

▶ 143페이지에서 이어집니다.

탈부착 칼라

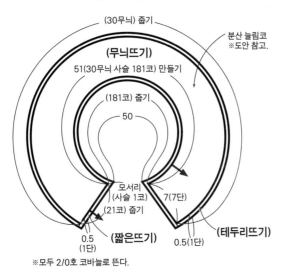

(30무늬) 줄기
※도안 참고.

분산 늘림코
※도안 참고.

(무늬뜨기)

51(30무늬 사슬 181코) 만들기

(181코) 줄기

50

모서리
(사슬 1코)

(21코) 줄기

7(7단)

0.5
(1단)

(짧은뜨기)

0.5
(1단)

(테두리뜨기)

※모두 2/0호 코바늘로 뜬다.

단추 1개

단추 마무리하는 법

마지막 단의 코에 실을 끼워
오므리고 납작하게 만든 뒤
1단을 빙 둘러 꿰맨다

►=실 자르기

무늬뜨기

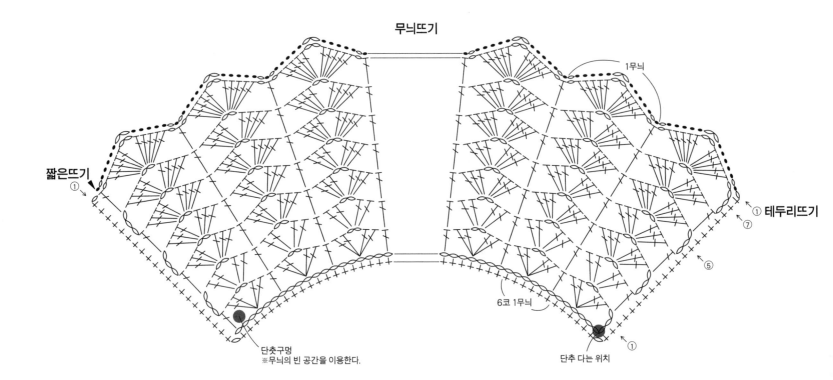

1무늬

짧은뜨기
①

① 테두리뜨기
⑦

⑤

6코 1무늬

①

단춧구멍
※무늬의 빈 공간을 이용한다.

단추 다는 위치

왼코에 꿴 매듭뜨기

(3코일 때)

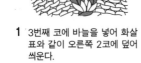

1 3번째 코에 바늘을 넣어 화살
표와 같이 오른쪽 2코에 덮어
씌운다.

2 오른코에 바늘을 넣어 걸뜨기
한다.

3 그다음에 걸기코를 한 뒤 왼코
에 바늘을 넣어 걸뜨기한다.

4 왼코에 꿴 매듭뜨기(3코일 때)
를 완성한 모습.

다이아 라콘테

코튼 코나

A

B

재료
A…다이아몬드케이토 다이아 라콘테 녹색·하늘
색·회분홍 계열 그러데이션(2203) 40g 2볼
B…퍼피 코튼 코나 남색(80) 25g 1볼, 진분홍(82)
20g 1볼, 그레이(65) 15g 1볼

도구
마법 바늘 8호

완성 크기
A…높이 14.5cm
B…높이 15cm

게이지(10×10cm)
무늬뜨기 21코×14.5단, 줄무늬 무늬뜨기 20코×
14단

POINT

● 46페이지를 참고해서 뜹니다. 원형뜨기의 기
초코로 뜨기 시작해 한길 긴뜨기로 뜹니다. 이어
서 A는 무늬뜨기, B는 줄무늬 무늬뜨기로 뜨는데, 뜨개
시작 위치가 어긋나게 되므로 주의하세요. 18단을
떴으면 테두리뜨기를 뜹니다. 끈을 2줄 뜨고, 지정
위치에 통과시켜 완성합니다.

(14무늬)

(테두리뜨기) 진분홍

본체
(무늬뜨기)

(줄무늬 무늬뜨기)

40 42(84코)

(84코)

3 (5단)

12.5 13 (18단)

2 (2단)

(한길 긴뜨기) 남색

6 6.5(6단)

바닥

※ 모두 마법 바늘 8호로 뜬다.
※ ▨는 B, 그 외는 A 또는 공통.

$\begin{array}{c}\dagger\\\dagger\end{array}$ =한길 긴뜨기·사슬 1코

=왼코에 꿴 교차뜨기

=짧은뜨기의 왼코에 꿴 교차뜨기

=체인페탈뜨기

=체인페탈뜨기 2코

=2코에 바늘을 넣어 빼뜨기

—— =끈 통과시키는 위치

—— =각 단의 뜨개 시작 위치

► =실 자르기

끈
(이중사슬뜨기) 2줄 색당 1가닥

그레이
진분홍, 남색

45 49
(110코)

마무리하는 법

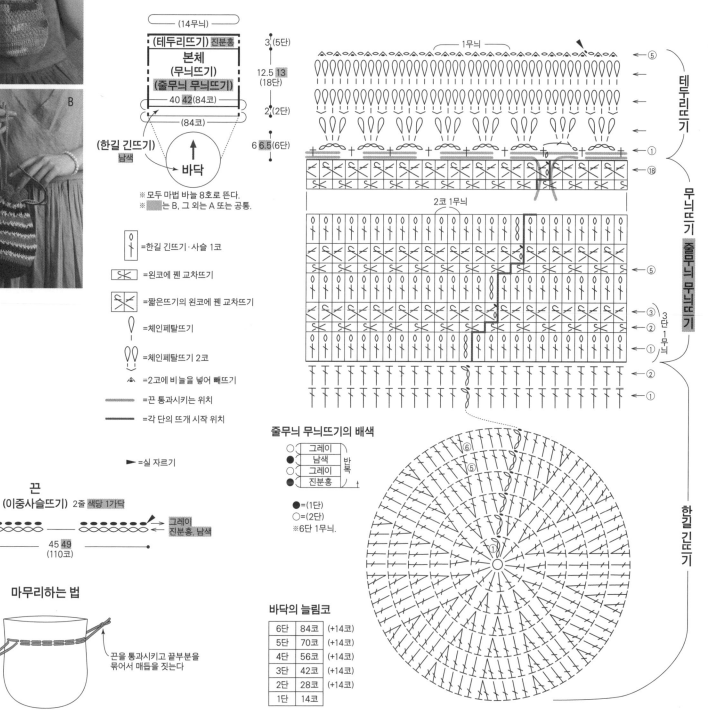

끈을 통과시키고 끝부분을
묶어서 매듭을 짓는다

(1무늬)

테두리뜨기

무늬뜨기 줄무늬 무늬뜨기

2코 1무늬

5

3
2

1

3단 1무늬

2

1

줄무늬 무늬뜨기의 배색

○	그레이	
●	남색	반복
○	그레이	
●	진분홍	

●=(1단)
○=(2단)
※6단 1무늬.

한길 긴뜨기

바닥의 늘림코

6단	84코	(+14코)
5단	70코	(+14코)
4단	56코	(+14코)
3단	42코	(+14코)
2단	28코	(+14코)
1단	14코	

팔피토

코튼 코나 파인

재료
퍼피 팔피토 파랑 계열 그러데이션(6510) 160g
4볼, 코튼 코나 파인 모카 브라운(340) 45g 2볼
도구
마법 바늘 13호
완성 크기
폭 33cm, 길이 138cm

게이지(10×10cm)
줄무늬 무늬뜨기 19코×14.5단
POINT
● 44페이지를 참고해서 뜹니다. 팔피토 실을 이용해 사슬뜨기로 기초코를 만들어 뜨기 시작해 줄무늬 무늬뜨기로 뜹니다. 뜨개 마무리는 빼뜨기 코막음을 합니다.

줄무늬 무늬뜨기

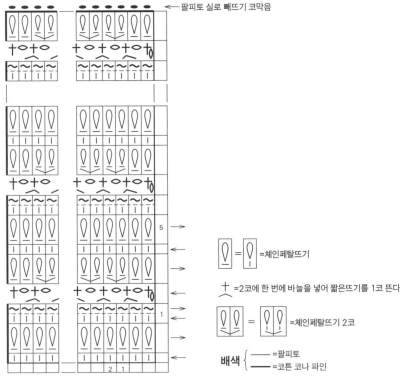

←팔피토 실로 빼뜨기 코막음

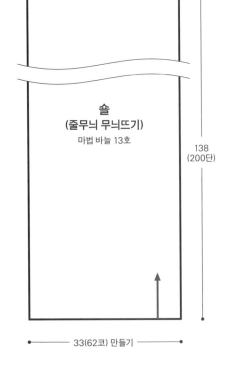

솔
(줄무늬 무늬뜨기)
마법 바늘 13호

138
(200단)

← 33(62코) 만들기 →

⎸Ⓠ⎸ = ⎸Ⓠ⎸ =체인페탈뜨기

╈ =2코에 한 번에 바늘을 넣어 짧은뜨기를 1코 뜬다

⎸Ⓠ⎸ = ⎸Ⓠ⎸ =체인페탈뜨기 2코

배색 ⎰ ── =팔피토
      ⎱ ── =코튼 코나 파인

**오른코 위 돌려
2코 모아뜨기**

뜨지 않고 오른바늘로 옮긴다

1 오른코에 뒤쪽에서 바늘을 넣고, 뜨지 않고 오른바늘로 옮긴다.

2 왼코에 바늘을 넣고, 실을 걸어 끌어내서 겉뜨기로 뜬다.

덮어씌운다

3 오른바늘로 옮긴 코에 왼바늘을 넣고, 앞에서 뜬 코에 덮어씌운다.

4 오른코 위 돌려 2코 모아뜨기를 완성했다.

**왼코 위 돌려
2코 모아뜨기**

돌려놓는다

1 왼코를 돌려놓는다. 오른바늘을 화살표처럼 넣고,

2 실을 걸어 끌어내서 2코를 한 번에 겉뜨기로 뜬다.

3 왼코 위 돌려 2코 모아뜨기를 완성했다.

이벤트용 니트
49 page ★★★

튜브

래더 테이프

재료
다루마 튜브 클리어(1) 290g 8볼, 래더 테이프 라이트그레이×코발트블루(6) 10g 1볼

도구
코바늘 8mm, 8/0호

완성 크기
폭 37cm, 높이 25.5cm

게이지(10×10cm)
짧은 줄기뜨기 12.5코×12단

POINT
● 바닥은 사슬뜨기로 기초코를 만들어 뜨기 시작해 짧은뜨기로 원형뜨기합니다. 늘림코는 도안을 참고하세요. 이어서 본체를 짧은 줄기뜨기로 뜹니다. 27단을 떴으면 입구와 손잡이를 이어서 뜨는데, 입구는 짧은 줄기뜨기, 손잡이는 짧은뜨기로 뜨므로 주의하세요. 손잡이와 입구 둘레에 되돌아 짧은뜨기를 뜹니다.

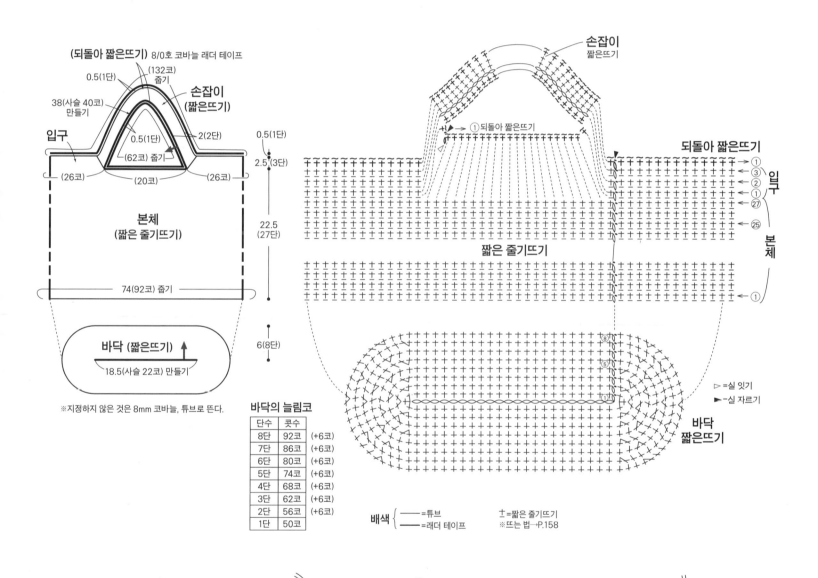

(되돌아 짧은뜨기) 8/0호 코바늘 래더 테이프

0.5(1단)
(132코) 줄기
손잡이 (짧은뜨기)

38(사슬 40코) 만들기

0.5(1단)
(62코) 줄기

입구

2(2단)

(26코) (20코) (26코)

0.5(1단)
2.5(3단)

본체
(짧은 줄기뜨기)

22.5
(27단)

74(92코) 줄기

6(8단)

바닥 (짧은뜨기) ↑
18.5(사슬 22코) 만들기

※지정하지 않은 것은 8mm 코바늘, 튜브로 뜬다.

손잡이 짧은뜨기

①되돌아 짧은뜨기

되돌아 짧은뜨기
입구
③ ② ① 27 25

본체

짧은 줄기뜨기

▷=실 잇기
►=실 자르기

바닥 짧은뜨기

바닥의 늘림코

단수	콧수	
8단	92코	(+6코)
7단	86코	(+6코)
6단	80코	(+6코)
5단	74코	(+6코)
4단	68코	(+6코)
3단	62코	(+6코)
2단	56코	(+6코)
1단	50코	

배색 {
─=튜브
━=래더 테이프

十=짧은 줄기뜨기
※뜨는 법→P.158

되돌아 짧은뜨기

～
十

1 뜨개바탕의 방향은 그대로 두고, 기둥코가 될 사슬 1코를 뜬 뒤 화살표처럼 코바늘을 움직여 앞단의 머리 2가닥에 넣는다.

2 실 위쪽에서 코바늘에 실을 건 뒤 그대로 실을 앞쪽으로 끌어낸다.

3 실을 앞쪽으로 끌어낸 모습.

4 코바늘에 실을 건 뒤 화살표처럼 고리 2개를 한꺼번에 빼내서 짧은뜨기를 뜬다.

5 되돌아 짧은뜨기를 완성했다.

래더 테이프

재료

실(미니백)…다루마 래더 테이프 라이트그레이×
코발트블루(6) 30g 1볼, 화이트(1) 15g 1볼
실(캐미솔)…다루마 래더 테이프 라이트그레이×
코발트블루(6) 160g 4볼, 화이트(1) 65g 2볼
실(팬츠)…다루마 래더 테이프 라이트그레이×코
발트블루(6) 285g 6볼, 화이트(1) 45g 1볼

도구

코바늘 9/0호·7/0호·8/0호, 대바늘 11호·4호

완성 크기

미니백…폭 15cm, 높이 15cm
캐미솔…가슴둘레 90cm, 어깨너비 37cm, 기장
46cm
팬츠…허리둘레 93cm, 기장 46cm

게이지(10×10cm)

줄무늬 무늬뜨기, 무늬뜨기(9/0호 코바늘) 모두
16코×9단, 1코 고무뜨기 16코×20단

POINT

● 미니백…사슬뜨기로 기초코를 만들어 뜨기 시
작해 줄무늬 무늬뜨기로 원형뜨기합니다. 11단을
떴으면 한길 긴뜨기와 짧은뜨기의 머리에서 코를
주워 1코 고무뜨기로 뜹니다. 뜨개 마무리는 덮어
씌워 코막음합니다. 이어서 테두리뜨기를 원형뜨
기하고, 바닥을 빼뜨기 잇기로 연결합니다. 손잡이
를 2줄 뜨고, 지정 위치에 꿰매어 답니다.

● 캐미솔…사슬뜨기로 기초코를 만들어 뜨기 시
작해 줄무늬 무늬뜨기로 원형뜨기합니다. 19단을
떴으면 한길 긴뜨기와 짧은뜨기의 머리에서 코를
주워 1코 고무뜨기로 원형뜨기하는데, 진동둘레
부터 위쪽은 왕복뜨기합니다. 진동둘레의 줄임코
는 도안을 참고하세요. 어깨는 빼뜨기 잇기로 연결
합니다. 밑단은 기초코 사슬에서 코를 주워 1코 고
무뜨기로 원형뜨기합니다. 뜨개 마무리는 덮어씌
워 코막음하고, 이어서 테두리뜨기를 뜹니다. 목둘
레·진동둘레는 지정 콧수만큼 주워서 테두리뜨기
로 원형뜨기합니다.

● 팬츠…사슬뜨기로 기초코를 만들어 뜨기 시작
해 오른쪽 다리와 왼쪽 다리를 각각 줄무늬 무늬
뜨기로 원형뜨기합니다. 9단을 떴으면 오른쪽 다
리와 왼쪽 다리에서 코를 주운 뒤 오른쪽 팬츠와
왼쪽 팬츠를 이어서 무늬뜨기로 게이지 조정과 줄
임코를 하면서 원형뜨기합니다. 이어서 한길 긴뜨
기와 짧은뜨기의 머리에서 코를 줍고 도안을 참고
해 끈 끼우는 구멍을 만들면서 벨트를 1코 고무뜨
기와 테두리뜨기로 뜹니다. 밑단은 기초코 사슬에
서 코를 주워 1코 고무뜨기와 테두리뜨기로 원형
뜨기합니다. △와 ▲는 빼뜨기 잇기로 연결합니다.
끈을 뜨고 벨트의 끈 끼우는 구멍에 통과시킨 다
음 끝부분을 묶어서 매듭을 짓습니다.

미니백

(테두리뜨기) 7/0호 코바늘
(40코) 줍기
1(1단)
(1코 고무뜨기) (48코) 줍기 2(4단)
11호 대바늘
본체
(줄무늬 무늬뜨기)
9/0호 코바늘
12(11단)

30
(8무늬 사슬 48코)
만들기

※지정하지 않은 것은 라이트그레이×코발트블루로 뜬다.

손잡이 (아이코드)

4호 대바늘 2줄
덮어씌우기

30(70단)

1(3코)
만들기

마무리하는 법

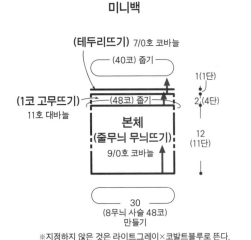

손잡이
2.5   2.5
안쪽에 꿰매어
단다
1
겉끼리 맞대어
빼뜨기 잇기

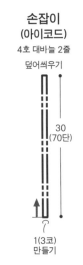

아이코드 뜨는 법

※구슬이 없는 바늘을 사용한다.

③
②
①

1단을 뜨고 난 실 끝을 뜨개
시작 쪽으로 되돌리고, 같은
방향에서 2단을 뜬다.

줄무늬 무늬뜨기 (공통)

②
단   2
①   1
단   무
늬

6코 1무늬

배색 { =라이트그레이×코발트블루
        =화이트

▷ =실 잇기
► =실 자르기

테두리뜨기 (공통)

①

2코 1무늬

1코 고무뜨기

덮어씌워 코막음

4
3
2
1

□ = │

캐미솔

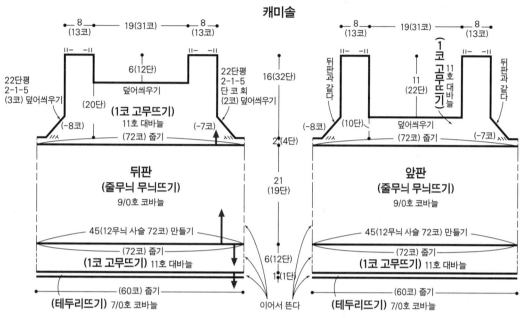

※지정하지 않은 것은 라이트그레이×코발트블루로 뜬다.
※진동둘레는 앞뒤 몸판을 이어서 (5코) 덮어씌운다.

목둘레·진동둘레 (테두리뜨기) 7/0호 코바늘

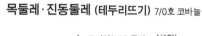

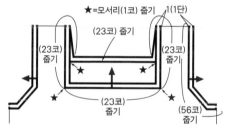

1코 고무뜨기

목둘레 테두리뜨기의 모서리 뜨는 법

진동둘레의 줄임코

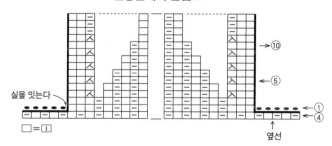

150페이지로 이어집니다. ▶

▶ 149페이지에서 이어집니다.

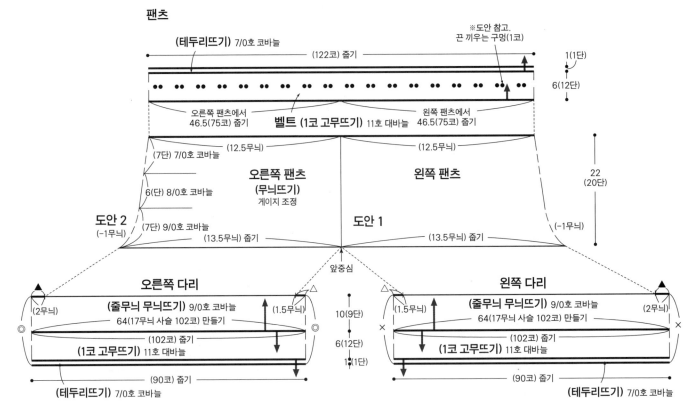

팬츠

(테두리뜨기) 7/0호 코바늘

(122코) 줄기

※도안 참고,
끈 끼우는 구멍(1코)

1(1단)
6(12단)

오른쪽 팬츠에서
46.5(75코) 줄기

벨트 (1코 고무뜨기) 11호 대바늘

왼쪽 팬츠에서
46.5(75코) 줄기

(7단) 7/0호 코바늘

(12.5무늬)

(12.5무늬)

오른쪽 팬츠
(무늬뜨기)
게이지 조정

왼쪽 팬츠

6(단) 8/0호 코바늘

22
(20단)

도안 2
(-1무늬)

(7단) 9/0호 코바늘

(13.5무늬) 줄기

앞중심

(13.5무늬) 줄기

도안 1

(-1무늬)

오른쪽 다리

(2무늬)

(줄무늬 무늬뜨기) 9/0호 코바늘

(1.5무늬)

(1.5무늬)

왼쪽 다리

(줄무늬 무늬뜨기) 9/0호 코바늘

(2무늬)

64(17무늬 사슬 102코) 만들기

(102코) 줄기

(1코 고무뜨기) 11호 대바늘

10(9단)

6(12단)

1(1단)

64(17무늬 사슬 102코) 만들기

(102코) 줄기

(1코 고무뜨기) 11호 대바늘

(90코) 줄기

(90코) 줄기

(테두리뜨기) 7/0호 코바늘

(테두리뜨기) 7/0호 코바늘

※지정하지 않은 것은 라이트그레이×코발트블루로 뜬다.
※◎와 ×는 이어서 뜬다.
※△와 ▲는 빼뜨기 잇기를 한다.

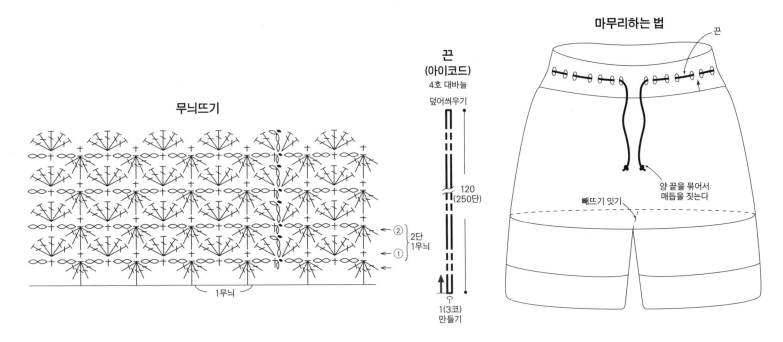

무늬뜨기

② 2단
① 1무늬

1무늬

끈
(아이코드)
4호 대바늘

덮어씌우기

120
(250단)

1(3코)
만들기

마무리하는 법

끈

빼뜨기 잇기

양 끝을 묶어서
매듭을 짓는다

도안 1

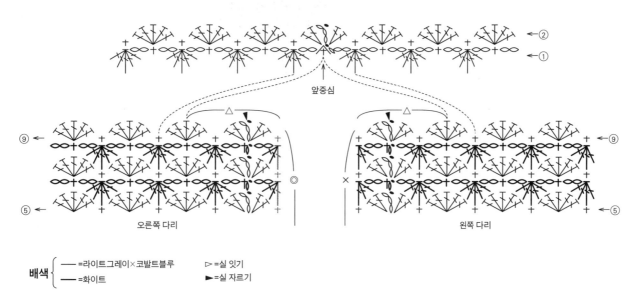

앞중심

오른쪽 다리

왼쪽 다리

⑨

⑨

⑤

⑤

②

①

배색 {
━ =라이트그레이×코발트블루
━ =화이트
}

▷ =실 잇기
► =실 자르기

도안 2

왼쪽 팬츠

오른쪽 팬츠

⑤

①

⑨

⑨

⑤

⑤

뒤중심

왼쪽 다리

오른쪽 다리

※무늬뜨기 1단의 뒤중심은 오른쪽 다리와 왼쪽 다리의 짧은뜨기를 겹쳐서 주운 다음 한길 긴뜨기를 뜬다.

벨트의 1코 고무뜨기와 끈 통과시키는 위치

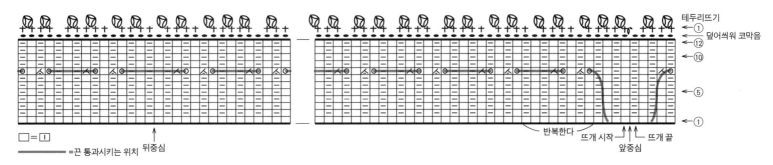

테두리뜨기
①
덮어씌워 코막음
⑫
⑩
⑤
①

□ =1

━ =끈 통과시키는 위치   뒤중심

반복한다
뜨개 시작
앞중심
뜨개 끝

151

재료

A…올림포스 샤포트 베이지(2) 95g 3볼

B…올림포스 샤포트 갈색(3) 130g 4볼

C…올림포스 샤포트 오렌지색(13) 65g 2볼, 남색 (5) 35g 1볼

도구

코바늘 6/0호

완성 크기

A·C…머리둘레 57cm, 높이 21cm

B…머리둘레 57cm, 높이 24cm

게이지(10×10cm)

짧은뜨기, 줄무늬 짧은뜨기 모두 19코×23단

POINT

● A·C…원형뜨기의 기초코로 뜨기 시작해 A는 짧은뜨기, C는 짧은뜨기와 줄무늬 짧은뜨기로 뜹니다. 늘림코는 도안을 참고하세요.

● B…원형뜨기의 기초코로 뜨기 시작해 짧은뜨기로 뜹니다. 늘림코는 도안을 참고하세요. 옆면을 뜨고 지정 위치에 사슬뜨기로 기초코를 만들어 리본과 모자챙을 이어서 뜹니다. 벨트를 떠서 리본 중심에 감고 뜨개 시작과 끝부분을 감아서 잇기로 연결합니다. 마무리하는 법을 참고해 완성합니다.

A

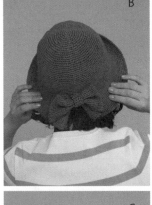
B

C

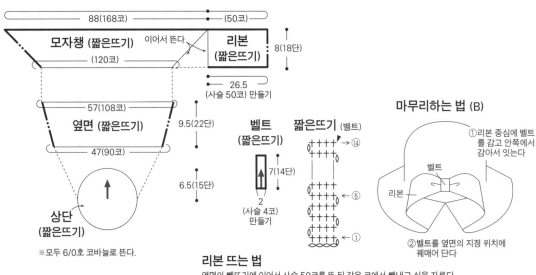

B

모자챙 (짧은뜨기) · 이어서 뜬다 · 리본 (짧은뜨기)

88(168코) (50코) 8(18단)

(120코) 26.5 (사슬 50코) 만들기

옆면 (짧은뜨기) 57(108코) 9.5(22단)

47(90코)

상단 (짧은뜨기) 6.5(15단)

벨트 (짧은뜨기) 7(14단) 2 (사슬 4코) 만들기

짧은뜨기 (벨트)

※모두 6/0호 코바늘로 뜬다.

▷ =실 잇기
► =실 자르기

마무리하는 법 (B)

① 리본 중심에 벨트를 감고 안쪽에서 감아서 잇는다

벨트 · 리본

② 벨트를 옆면의 지정 위치에 꿰매어 단다

리본 뜨는 법

옆면의 빼뜨기에 이어서 사슬 50코를 뜬 뒤 같은 코에서 빼내고 실을 자른다. 지정 위치에 실을 이은 뒤 사슬코를 주워 리본을 뜬다. 이어서 모자챙을 뜬다.

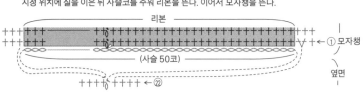

리본
← ① 모자챙
(사슬 50코)
옆면

모자챙의 늘림코

단수	콧수	
18단	218코	
17단	218코	(+6코)
16단	212코	
15단	212코	(+6코)
14단	206코	
13단	206코	(+6코)
12단	200코	
11단	200코	(+6코)
10단	194코	
9단	194코	(+6코)
8단	188코	
7단	188코	(+6코)
6단	182코	
5단	182코	(+6코)
4단	176코	
3단	176코	(+6코)
2단	170코	
1단	170코	(+62코)

모자 뜨는 법 (B) =리본 뜨는 위치

반복한다

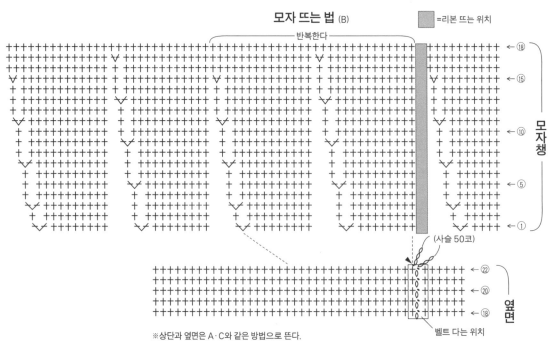

모자챙

← ⑱ ← ⑮ ← ⑩ ← ⑤ ← ①

(사슬 50코)

← ㉒ ← ⑳ ← ⑱

옆면

벨트 다는 위치

※상단과 옆면은 A·C와 같은 방법으로 뜬다.

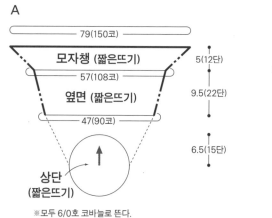

A

79(150코)

모자챙 (짧은뜨기)

57(108코)

옆면 (짧은뜨기)

47(90코)

상단
(짧은뜨기)

5(12단)

9.5(22단)

6.5(15단)

※모두 6/0호 코바늘로 뜬다.

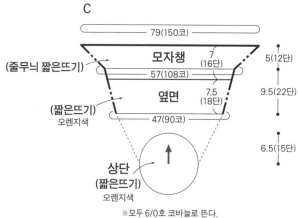

C

79(150코)

(줄무늬 짧은뜨기) → 모자챙 7
(16단)

57(108코)

(짧은뜨기) 옆면 7.5
오렌지색 (18단)

47(90코)

상단
(짧은뜨기)
오렌지색

5(12단)

9.5(22단)

6.5(15단)

※모두 6/0호 코바늘로 뜬다.

모자 뜨는 법 (A·C)

반복한다

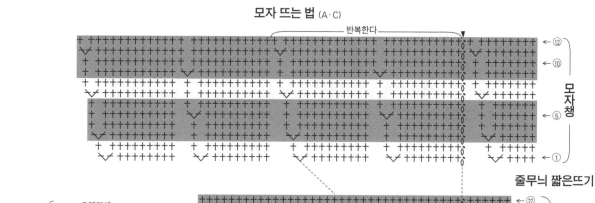

⑫

⑩

⑤

①

모
자
챙

C 배색 { = 오렌지색
= 남색

► = 실 자르기

줄무늬 짧은뜨기

⑫
⑳
⑱

옆
면

⑩

⑤

①

반복한다

상단·옆면·모자챙의 늘림코

구분	단수	콧수	
모자챙	12단	150코	
	11단	150코	(+6코)
	10단	144코	
	9단	144코	(+6코)
	8단	138코	
	7단	138코	(+6코)
	6단	132코	
	5단	132코	(+6코)
	4단	126코	
	3단	126코	(+6코)
	2단	120코	
	1단	120코	(+12코)
옆면	12~22단	108코	
	11단	108코	(+6코)
	8~10단	102코	
	7단	102코	(+6코)
	4~6단	96코	
	3단	96코	(+6코)
	1·2단	90코	
상단	15단	90코	(+6코)
	14단	84코	(+6코)
	13단	78코	(+6코)
	12단	72코	(+6코)
	11단	66코	(+6코)
	10단	60코	(+6코)
	9단	54코	(+6코)
	8단	48코	(+6코)
	7단	42코	(+6코)
	6단	36코	(+6코)
	5단	30코	(+6코)
	4단	24코	(+6코)
	3단	18코	(+6코)
	2단	12코	(+6코)
	1단	6코	

짧은뜨기

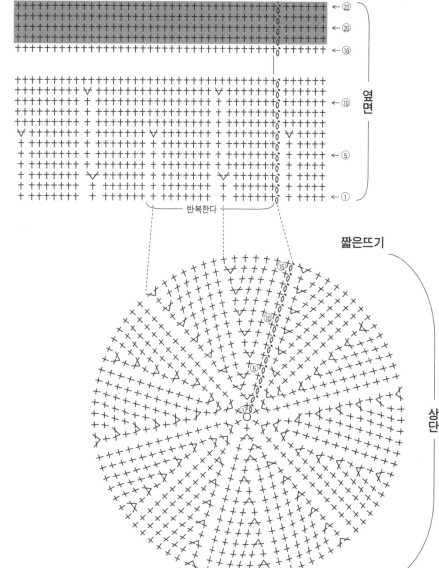

상단

재료

A…올림포스 샤포트 핑크(4) 90g 3볼

B…올림포스 샤포트 겨자색(7) 110g 4볼, 샌드베이지(23) 30g 1볼

단추 A…지름 15mm×1개

도구

코바늘 6/0호

완성 크기

A…폭 28.5cm, 높이 16cm

B…폭 28.5cm, 높이 21cm

게이지(10×10cm)

짧은뜨기 19코×23단

POINT

● A…원형뜨기의 기초코로 뜨기 시작해 짧은뜨기로 뜹니다. 늘림코는 도안을 참고하세요. 이어서 도안을 참고해 덮개를 왕복뜨기합니다. 손잡이는 사슬뜨기로 기초코를 만들어 뜨기 시작해 짧은뜨기로 뜹니다. 마무리하는 법을 참고해 손잡이와 단추를 달아 완성합니다.

● B…원형뜨기의 기초코로 뜨기 시작해 짧은뜨기로 뜹니다. 늘림코는 도안을 참고하세요. 이어서 무늬뜨기로 뜹니다. 손잡이는 사슬뜨기로 기초코를 만들어 뜨기 시작해 짧은뜨기로 뜨고, 지정된 위치에 꿰매어 답니다. 끈을 2줄 뜬 뒤 무늬뜨기의 마지막 단에 통과시키고 끝부분을 묶어서 매듭을 짓습니다.

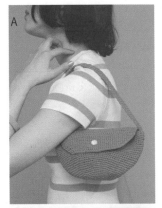

A

B

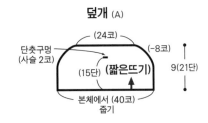

덮개 (A)

(24코)

단춧구멍 (사슬 2코)

(-8코)

(15단) (짧은뜨기)

본체에서 (40코) 줄기

9 (21단)

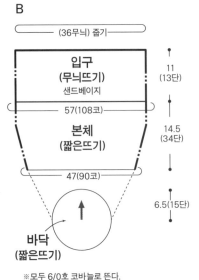

B

(36무늬) 줄기

입구 (무늬뜨기) 샌드베이지

11 (13단)

57 (108코)

본체 (짧은뜨기)

14.5 (34단)

47 (90코)

6.5 (15단)

바닥 (짧은뜨기)

※모두 6/0호 코바늘로 뜬다.
※지정하지 않은 것은 겨자색으로 뜬다.

A

57 (108코)

본체 (짧은뜨기)

9.5 (22단)

47 (90코)

6.5 (15단)

바닥 (짧은뜨기)

※모두 6/0호 코바늘로 뜬다.

마무리하는 법 (A)

덮개 (안)

(4단)

5

손잡이를 바깥쪽에 꿰매어 단다

단추를 단다

손잡이 (짧은뜨기)

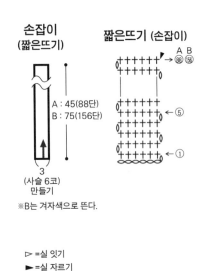

A : 45 (88단)
B : 75 (156단)

3 (사슬 6코) 만들기

※B는 겨자색으로 뜬다.

짧은뜨기 (손잡이)

A B
88 156

← ⑤

← ①

▷ =실 잇기
► =실 자르기

가방 뜨는 법 (B)

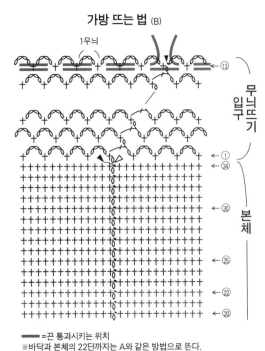

1무늬

← ⑬

← ①
← ㉞

무늬뜨기 입구

← ㉚

← ㉕

← ㉒

← ⑳

본체

▬ =끈 통과시키는 위치
※바닥과 본체의 22단까지는 A와 같은 방법으로 뜬다.

끈 (사슬뜨기) (B)

샌드베이지 2줄

65 (123코)

마무리하는 법 (B)

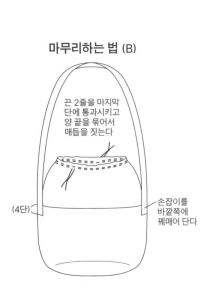

끈 2줄을 마지막 단에 통과시키고 양 끝을 묶어서 매듭을 짓는다

(4단)

손잡이를 바깥쪽에 꿰매어 단다

가방 뜨는 법 (A)

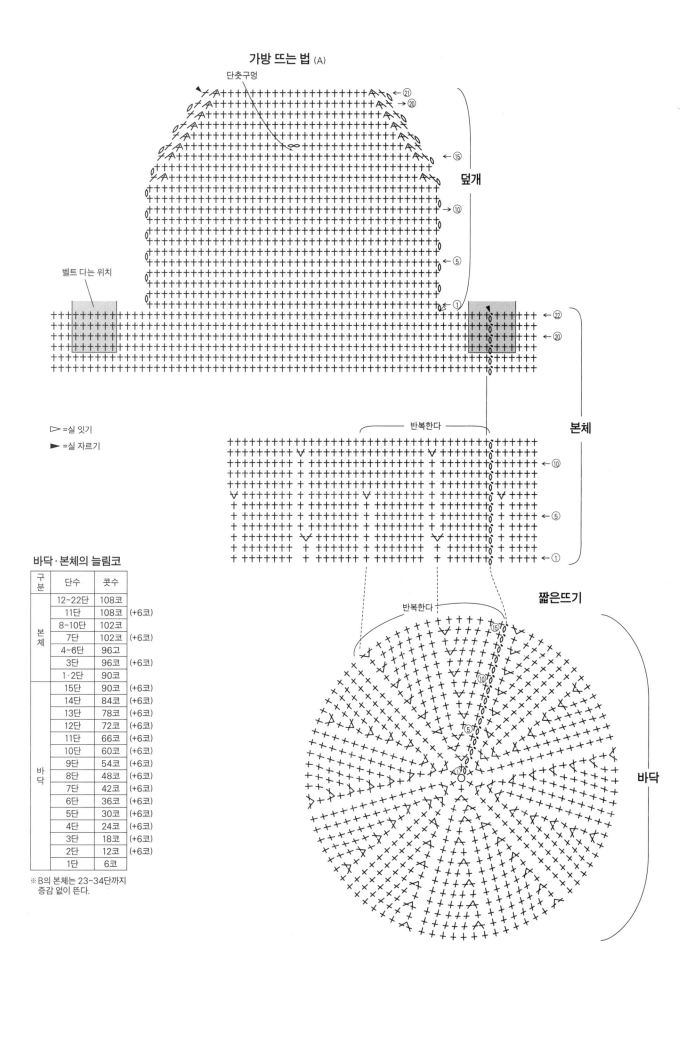

단춧구멍

← ㉑
→ ⑳

← ⑮

덮개

← ⑩

← ⑤

①

벨트 다는 위치

▷ =실 잇기

► =실 자르기

← ㉒

← ⑳

본체

반복한다

← ⑩

← ⑤

① ←

짧은뜨기

바닥·본체의 늘림코

구분	단수	콧수	
본체	12~22단	108코	
	11단	108코	(+6코)
	8~10단	102코	
	7단	102코	(+6코)
	4~6단	96고	
	3단	96코	(+6코)
	1·2단	90코	
바닥	15단	90코	(+6코)
	14단	84코	(+6코)
	13단	78코	(+6코)
	12단	72코	(+6코)
	11단	66코	(+6코)
	10단	60코	(+6코)
	9단	54코	(+6코)
	8단	48코	(+6코)
	7단	42코	(+6코)
	6단	36코	(+6코)
	5단	30코	(+6코)
	4단	24코	(+6코)
	3단	18코	(+6코)
	2단	12코	(+6코)
	1단	6코	

※ B의 본체는 23~34단까지
증감 없이 뜬다.

반복한다

바닥

재료
사레도 리리리 앤티크 화이트(2004L) 230g 3콘
도구
대바늘 6호·4호, 코바늘 5/0호
완성 크기
가슴둘레 94cm, 기장 51.5cm, 화장 29.5cm
게이지(10×10cm)
메리야스뜨기 23코×31단, 무늬뜨기 23코×
32.5단
POINT
● 몸판·요크…몸판은 별도 사슬로 기초코를 만
들어 뜨기 시작해 앞뒤 몸판을 이어서 메리야스뜨

기로 원형뜨기합니다. 뒤판은 앞뒤 단차로 8단을
왕복뜨기합니다. 요크는 몸판과 별도 사슬로 만든
기초코에서 코를 주워 분산 줄임코를 하면서 무늬
뜨기로 뜹니다. 이어서 목둘레를 가터뜨기로 뜹니
다. 뜨개 마무리는 안뜨기를 하면서 덮어씌워 코막
음합니다. 밑단은 기초코 사슬을 풀어서 코를 줍고
가터뜨기로 뜹니다. 뜨개 마무리는 목둘레와 같은
방법으로 합니다.
● 마무리…소맷부리는 별도 사슬을 푼 코와 겨드
랑이 부분, 앞뒤 단차에서 코를 주워 가터뜨기로
뜹니다. 뜨개 마무리는 목둘레와 같은 방법으로
합니다. 요크에 프릴을 떠서 붙입니다.

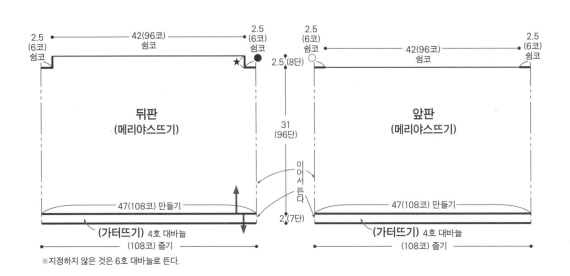

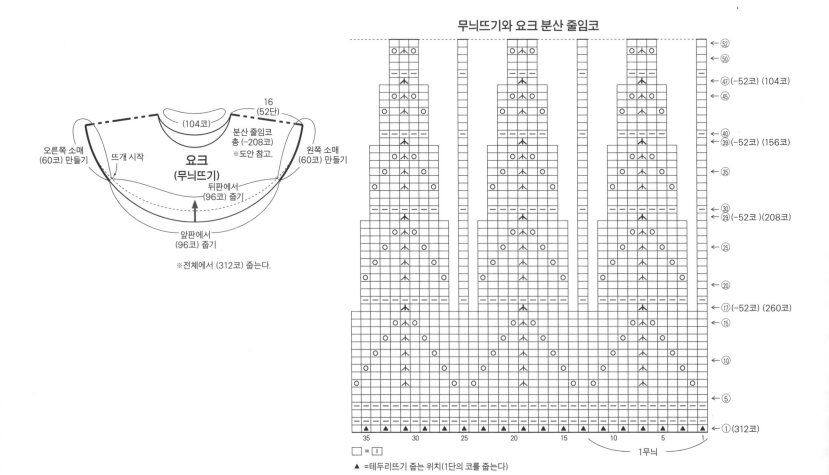

목둘레 (가터뜨기) 4호 대바늘

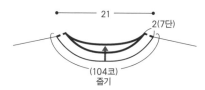

21
2(7단)
(104코)
줍기

가터뜨기 (목둘레·밑단)

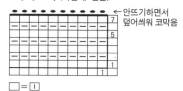

← 안뜨기하면서
덮어씌워 코막음

☐ = ┃

소맷부리 (가터뜨기) 4호 대바늘

(78코) 줍기
1(3단)
○에서
(6코)
줍기
요크에서 (60코) 줍기
★에서 ●에서
(6코) (6코)
줍기 줍기

※맞춤 표시는 오른쪽 소맷부리.

가터뜨기 (소맷부리)

← 안뜨기하면서
덮어씌워 코막음

☐ = ┃

프릴 (테두리뜨기) 5/0호 코바늘

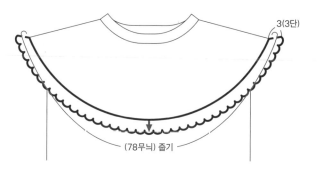

3(3단)

(78무늬) 줍기

테두리뜨기

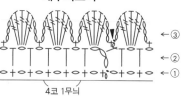

← ③
← ②
← ①

4코 1무늬

▶=실 자르기

테두리뜨기 줍는 법

1 목둘레 부분이 앞쪽으로 오도록 뜨개바탕을
잡은 뒤 무늬뜨기 1단에 화살표처럼 코바늘
을 넣고,

2 실을 이어서 짧은뜨기를 1코 뜬다. 이어서
사슬뜨기를 1코 뜬다.

3 짧은뜨기 1코, 사슬뜨기 1코를 반복하며 테
두리뜨기 1단을 뜬다.

앨프 내추럴

앨프 대즐

재료
페자 앨프 내추럴 파랑 계열 믹스(720) 95g 1타래, 앨프 대즐 파랑·검정 계열 믹스(511) 90g 1타래

도구
대바늘 15호

완성 크기
폭 40cm, 길이 131cm

게이지(10×10cm)
줄무늬 무늬뜨기 19코×14단

POINT
● 손가락에 걸어서 만드는 기초코로 뜨기 시작해 가터뜨기, 줄무늬 가터뜨기, 줄무늬 무늬뜨기로 뜹니다. 뜨개 마무리는 덮어씌워 코막음합니다.

솔 뜨는 법

(가터뜨기) 앨프 내추럴
덮어씌우기

덮어씌워 코막음

2.5(6단)

126(176단)

솔
(줄무늬 무늬뜨기)

(줄무늬 가터뜨기)

(줄무늬 가터뜨기)

38(73코)

1(2코)

1(2코)

2.5(6단)

(가터뜨기) 앨프 내추럴

(77코) 만들기

※모두 15호 대바늘로 뜬다.

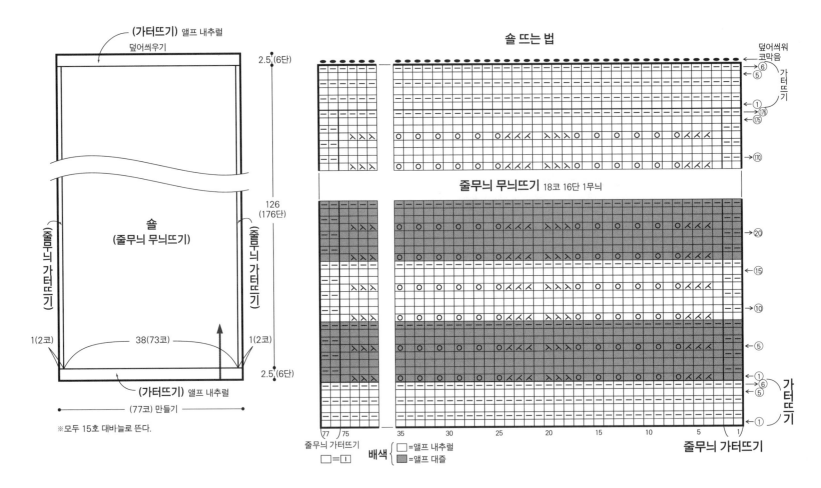

줄무늬 무늬뜨기 18코 16단 1무늬

줄무늬 가터뜨기

가터뜨기

줄무늬 가터뜨기

줄무늬 가터뜨기
□=Ⅱ

배색 { □=앨프 내추럴 ▨=앨프 대즐 }

짧은 줄기뜨기
(원형뜨기)

1 기둥코가 될 사슬 1코를 뜨고 앞단의 뒤쪽 반 코에 바늘을 넣어 짧은뜨기를 뜬다.

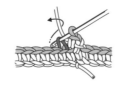

2 다음 코도 뒤쪽 반 코에 바늘을 넣어 뜬다.

3 한 바퀴 빙 둘러 뜨고 맨 처음 짧은뜨기 머리 2가닥에 빼낸다.

4 기둥코가 될 사슬 1코를 뜨고 앞단과 같은 방법으로 뜬다.

재료

실…Joint 에어 튈 터키색(517) 150g 1볼
금속체인 가방끈…40cm(JTM-C517 실버)×1줄
구슬 무공 프레임…23cm×10cm(JTM-B107S 실버)×1개

도구

코바늘 8mm

완성 크기

폭 29cm, 높이 17.5cm

게이지(10×10cm)

무늬뜨기 10코×8단

POINT

● 사슬뜨기로 기초코를 만들어 뜨기 시작해 바닥을 무늬뜨기로 뜹니다. 늘림코는 도안을 참고하세요. 이어서 본체를 무늬뜨기로 원형뜨기합니다. 입구는 테두리뜨기로 뜨고 프레임을 답니다. 실을 끼운 체인 가방끈을 프레임 고리에 달아 완성합니다.

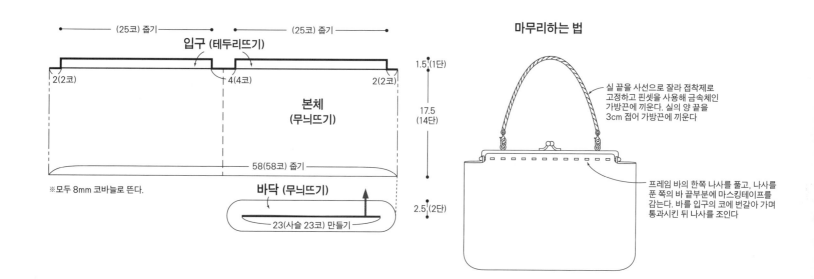

※모두 8mm 코바늘로 뜬다.

마무리하는 법

실 끝을 사선으로 잘라 접착제로 고정하고 핀셋을 사용해 금속체인 가방끈에 끼운다. 실의 양 끝을 3cm 접어 가방끈에 끼운다

프레임 바의 한쪽 나사를 풀고, 나사를 푼 쪽의 바 끝부분에 마스킹테이프를 감는다. 바를 입구의 코에 번갈아 가며 통과시킨 뒤 나사를 조인다

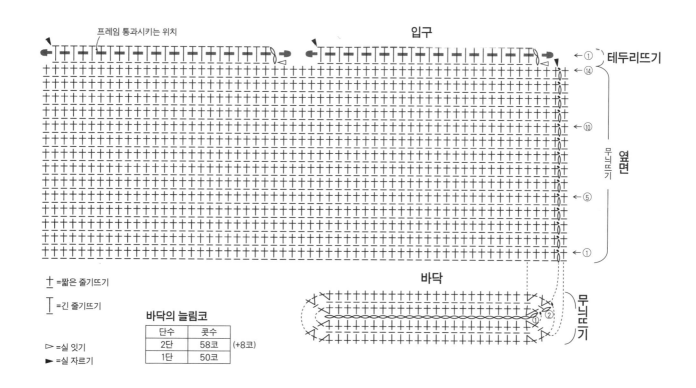

$\dagger$ =짧은 줄기뜨기

T =긴 줄기뜨기

▷ =실 잇기

► =실 자르기

바닥의 늘림코

단수	콧수	
2단	58코	(+8코)
1단	50코	

재료
Joint 에어 튈 퍼플(113)·피스타치오(191)·살구색
(193) 각 150g 1볼
도구
코바늘 8mm
완성 크기
폭 42cm, 높이 27cm
게이지(10×10cm)
짧은뜨기 8코×8.5단, 줄무늬 무늬뜨기 9.5코×
8단

POINT
● 바닥은 원형뜨기의 기초코로 뜨기 시작해 짧은
뜨기로 뜹니다. 늘림코는 도안을 참고하세요. 이어
서 본체는 줄무늬 무늬뜨기로 원형뜨기합니다. 주
머니는 사슬뜨기로 기초코를 만들어 뜨기 시작해
짧은뜨기로 뜹니다. 손잡이는 새우뜨기로 뜨는데,
중앙 부분은 짧은뜨기로 감싸며 뜹니다. 마무리하
는 법을 참고해 주머니와 손잡이를 답니다.

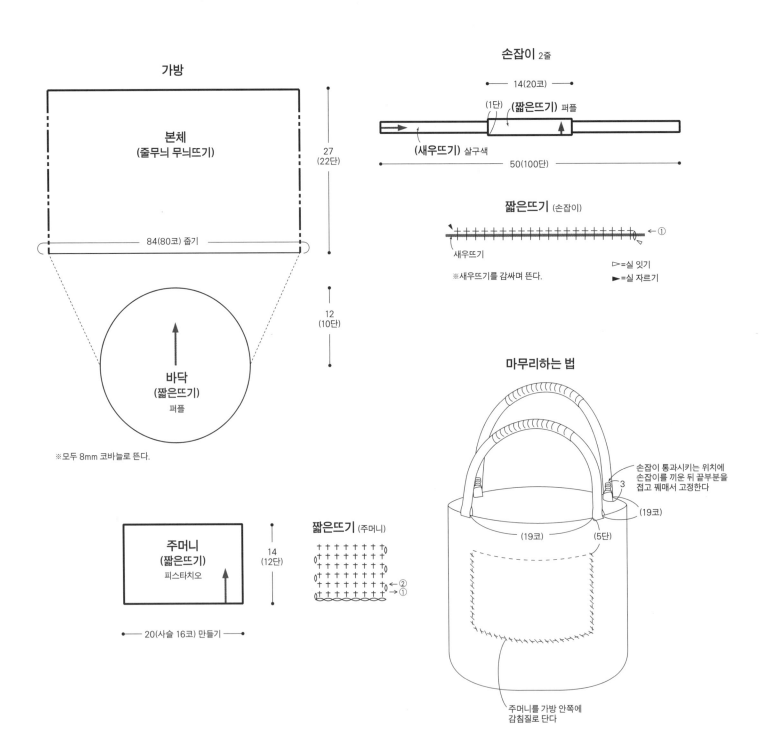

가방

본체
(줄무늬 무늬뜨기)

27
(22단)

84(80코) 줍기

바닥
(짧은뜨기)
퍼플

12
(10단)

※모두 8mm 코바늘로 뜬다.

손잡이 2줄

14(20코)

(1단)
(짧은뜨기) 퍼플

(새우뜨기) 살구색

50(100단)

짧은뜨기 (손잡이)

←①

새우뜨기

※새우뜨기를 감싸며 뜬다.

▷=실 잇기
►=실 자르기

마무리하는 법

손잡이 통과시키는 위치에
손잡이를 끼운 뒤 끝부분을
접고 꿰매서 고정한다
3

(19코)

(19코)   (5단)

주머니
(짧은뜨기)
피스타치오

14
(12단)

짧은뜨기 (주머니)

←②
←①

20(사슬 16코) 만들기

주머니를 가방 안쪽에
감침질로 단다

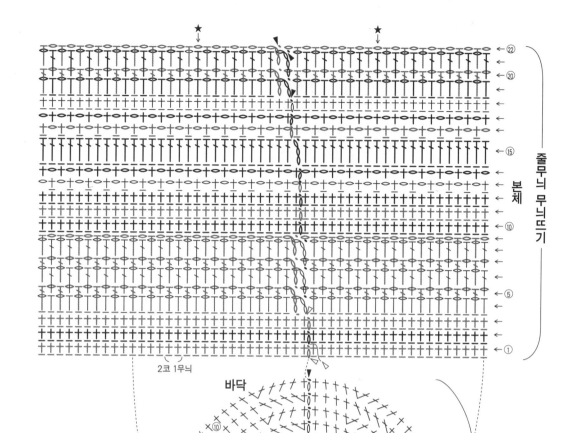

줄무늬 무늬뜨기

본체

▷=실 잇기

►=실 자르기

★=손잡이 통과시키는 위치
(마지막 단의 사슬코 아래
빈 공간에 끼운다)

배색 { =퍼플
=살구색
=피스타치오

✝=짧은 줄기뜨기

T=긴 줄기뜨기

T=한길 긴 줄기뜨기

※5~9단, 20~22단은 앞단의 사
슬을 감싸며 뜬다.

※10·15·18단은 앞단이 사슬뜨
기라면 사슬을 갈라서 줍는다.

2코 1무늬

바닥

짧은뜨기

바닥의 늘림코

단수	콧수	
10단	80코	(+8코)
9단	72코	(+8코)
8단	64코	(+8코)
7단	56코	(+8코)
6단	48코	(+8코)
5단	40코	(+8코)
4단	32코	(+8코)
3단	24코	(+8코)
2단	16코	(+8코)
1단	8코	

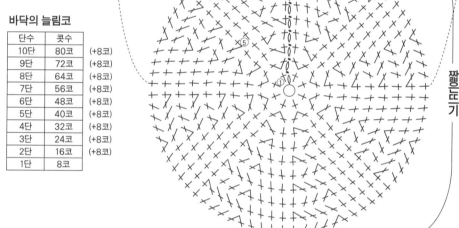

새우뜨기

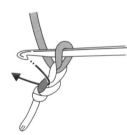

1 사슬 2코를 뜬 뒤 1번째 코의 반 코
에 코바늘을 넣어 실을 끌어내고,

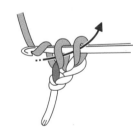

2 코바늘에 실을 걸어 고리 2개를 빼낸
다.

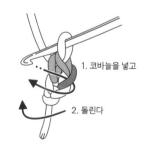

1. 코바늘을 넣고

2. 돌린다

3 1의 사슬 2번째 코의 반 코에 코바늘
을 넣은 상태에서 뜨개바탕을 왼쪽
으로 돌린다.

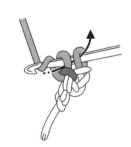

4 코바늘에 실을 걸어 끌어낸 뒤 코바
늘 끝에 걸린 고리 2개를 빼낸다(짧
은뜨기).

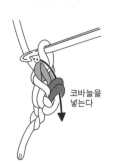

코바늘을
넣는다

5 고리 2개에 코바늘을 넣고,

돌린다

6 코바늘을 넣은 상태에서 뜨개바탕을
왼쪽으로 돌린다.

7 코바늘에 실을 걸어 끌어낸 뒤 코바
늘 끝에 걸린 고리 2개를 빼낸다(짧
은뜨기).

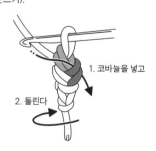

1. 코바늘을 넣고

2. 돌린다

8 '고리 2개에 코바늘을 넣고 뜨개바탕
을 왼쪽으로 돌린 뒤 짧은뜨기'를 반
복한다.

재료

실(A)…하마나카 itoa 손염색이 즐거워지는 실 코튼 중세 백색(1) 그러데이션 염색실 45g+단색 염색실 20g=총 65g 1타래

실(B)…하마나카 itoa 손염색이 즐거워지는 실 코튼 중세 백색(1) 그러데이션 염색실 65g 1타래

도구

대바늘 1호, 코바늘 2/0호(기초코)

완성 크기

발바닥 길이 22.5cm, 발목 길이 21.5cm

게이지(10×10cm)

메리야스뜨기 32코×46단, 무늬뜨기 35코×46단

POINT

● 공사슬로 기초코를 만들고 양쪽에서 반 코씩 코를 주워 뜨기 시작해 발가락 부분은 늘림코를 하면서 메리야스뜨기로 뜹니다. 이어서 발바닥 쪽은 메리야스뜨기, 발등 쪽은 무늬뜨기로 원형뜨기 합니다. 발뒤꿈치는 도안을 참고하면서 왕복뜨기합니다. 이어서 발뒤꿈치와 발등 쪽의 쉼코에서 코를 주워 무늬뜨기, 1코 고무뜨기로 원형뜨기합니다. 뜨개 마무리는 겉뜨기는 겉뜨기로, 안뜨기는 안뜨기로 떠서 덮어씌워 코막음합니다.

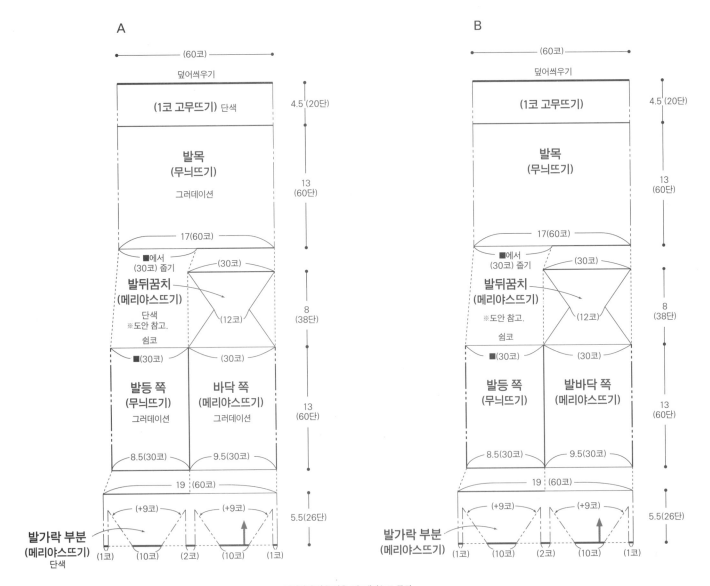

A

(60코)

덮어씌우기

(1코 고무뜨기) 단색

4.5 (20단)

발목
(무늬뜨기)

그러데이션

13 (60단)

17(60코)

■에서 (30코) 줄기   (30코)

발뒤꿈치
(메리야스뜨기)

단색
※도안 참고.
쉼코

(12코)

8 (38단)

■(30코)   (30코)

발등 쪽
(무늬뜨기)
그러데이션

바닥 쪽
(메리야스뜨기)
그러데이션

13 (60단)

8.5(30코)   9.5(30코)

19 (60코)

(+9코)   (+9코)

발가락 부분
(메리야스뜨기)
단색

5.5(26단)

(1코) (10코) (2코) (10코) (1코)

B

(60코)

덮어씌우기

(1코 고무뜨기)

4.5 (20단)

발목
(무늬뜨기)

13 (60단)

17(60코)

■에서 (30코) 줄기   (30코)

발뒤꿈치
(메리야스뜨기)

※도안 참고.
쉼코

(12코)

8 (38단)

■(30코)   (30코)

발등 쪽
(무늬뜨기)

발바닥 쪽
(메리야스뜨기)

13 (60단)

8.5(30코)   9.5(30코)

19 (60코)

(+9코)   (+9코)

발가락 부분
(메리야스뜨기)

5.5(26단)

(1코) (10코) (2코) (10코) (1코)

※ 지정하지 않은 것은 1호 대바늘로 뜬다.
※ 2/0호 코바늘을 사용해 공사슬로 기초코를 (12코) 만들고 양쪽에서 사슬 반 코를 대바늘로 줍는다.

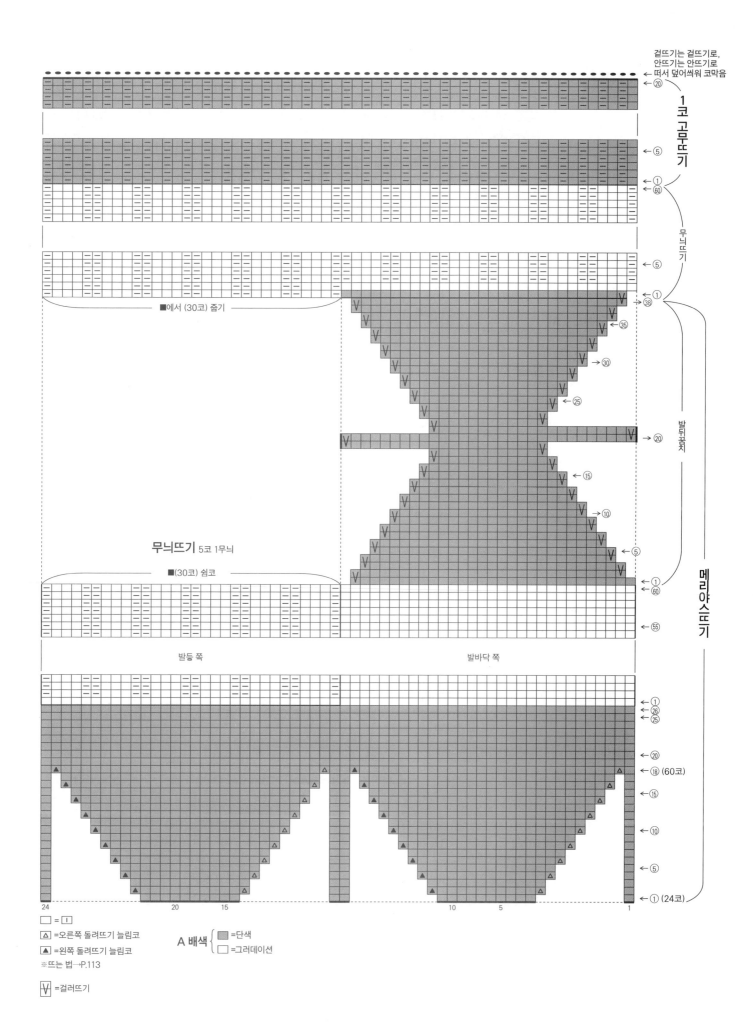

재료
실…해피 셰틀랜드 오프화이트(8) 155g 4볼
단추…12mm×25mm 5개
쿠션 솜… 30cm×30cm 1개
도구
대바늘 4호
완성 크기
30cm×30cm
게이지(10×10cm)
무늬뜨기 A 25.5코×41단

POINT
● 165페이지를 참고해 포르투갈 스타일 기초코로 뜨기 시작합니다. 무늬뜨기 A를 원형뜨기하는데 단을 시작하는 1코와 마지막 1코는 겉뜨기합니다. 뜨개 마무리는 쉼코를 합니다. 플랩은 지정 콧수만큼 주워서 위쪽은 가터뜨기, 아래쪽은 무늬뜨기 B를 왕복뜨기합니다. 위쪽에는 단춧구멍을 냅니다. 바닥은 겉면끼리 맞대서 빼뜨기 잇기를 합니다. 단추를 달아서 완성합니다.

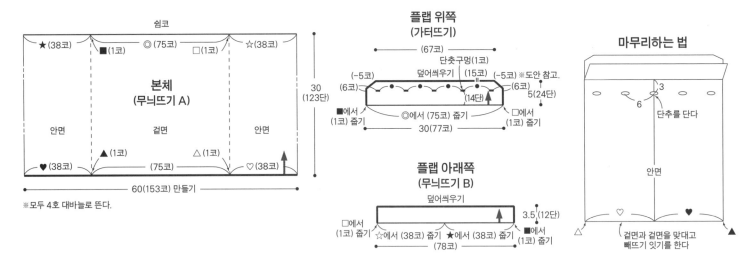

무늬뜨기 A

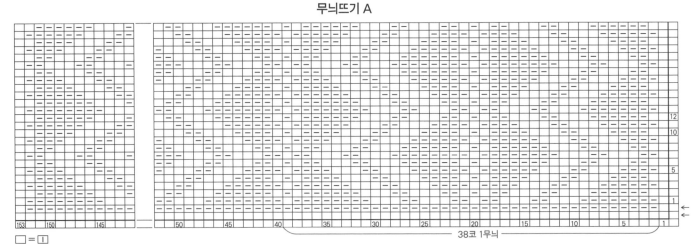

□ = |

무늬뜨기 B (플랫 아래쪽)

가터뜨기 (플랫 위쪽)

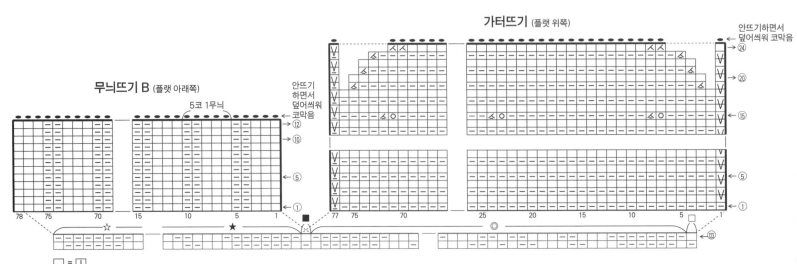

□ = |
Ⅴ =걸러뜨기
Ⅴ =걸러 안뜨기

포르투갈 스타일 기초코

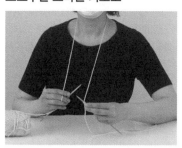

1 87페이지를 참고해 실을 목에 두르거나 핀에 걸고

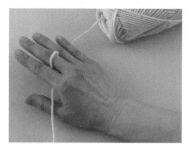

2 실은 오른손 중지에 건다.

꼬리실을
약 3배 남긴다

3 꼬리실은 뜨고 싶은 작품 너비의 약 3배를 남기고, 검지의 안쪽에서 바깥쪽으로 실을 건다.

4 고리 가운데에 바늘을 넣고 엄지로 실타래 쪽 실을 걸어 실을 빼낸다.

5 빼낸 모습.

꼬리실 쪽

6 손가락을 빼고 코를 조인다. 1코를 만들었다.

7 다음에도 검지에 실을 걸고 바늘을 넣은 다음

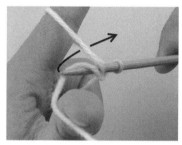

8 엄지로 실타래 쪽 실을 안쪽에서 바깥쪽으로 걸어 빼낸다.

9 기초코 2코를 완성했다.

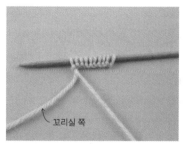

꼬리실 쪽

10 기초코는 안뜨기 코가 줄지어 선 모습으로 완성된다.

갈고리 달린 바늘로 안뜨기하는 법

1 조립식 아프간바늘과 대바늘을 코드 양 끝에 연결한다. 실을 거는 법은 기초코와 같다.

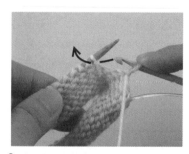

2 안뜨기하는 법. 화살표 방향으로 바늘을 넣는다.

3 왼손 엄지로 실을 안쪽에서 바깥쪽으로 걸고

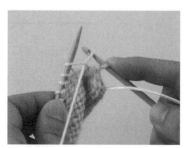

4 빼낸다. 갈고리가 있어서 빼내기 쉽다.

5 왼바늘에서 코를 뺀다. 안뜨기를 완성했다.

재료
다이아몬드케이토 다이아 시에로 베이지(103)
205g 7볼
도구
대바늘 5호·3호
완성 크기
가슴둘레 96cm, 기장 65cm, 화장 32cm
게이지(10×10cm)
메리야스뜨기 27코×35단, 무늬뜨기 A 31코×
35단
POINT
● 몸판·요크…몸판은 별도 사슬로 만드는 기초
코로 뜨기 시작해 무늬뜨기 A로 앞뒤판을 이어서
원형으로 뜹니다. 분산 줄임코는 도안을 참고하세

요. 계속 늘려 되돌아뜨기하면서 메리야스뜨기를
합니다. 옆선 줄임코는 도안을 참고하세요. 뒤판
은 앞뒤 단차로 왕복뜨기를 10단 합니다. 요크는
몸판과 별도 사슬로 만드는 기초코에서 코를 주워
무늬뜨기 B·C를 원형으로 합니다. 늘림코와 분산
줄임코는 도안을 참고하세요. 목둘레는 계속 무늬
뜨기 B·D를 합니다. 뜨개 끝은 1코 돌려 고무뜨기
코막음합니다.
● 마무리…밑단은 기초코 사슬을 풀어 코를 줍
고 가터뜨기를 원형으로 합니다. 뜨개 끝은 안뜨
기하면서 느슨하게 덮어씌워 코막음을 합니다. 소
맷부리는 기초코 사슬을 푼 코와 맞춤 표시에서
코를 주워 무늬뜨기 D를 원형으로 합니다. 마무리
는 목둘레와 같은 방법으로 합니다.

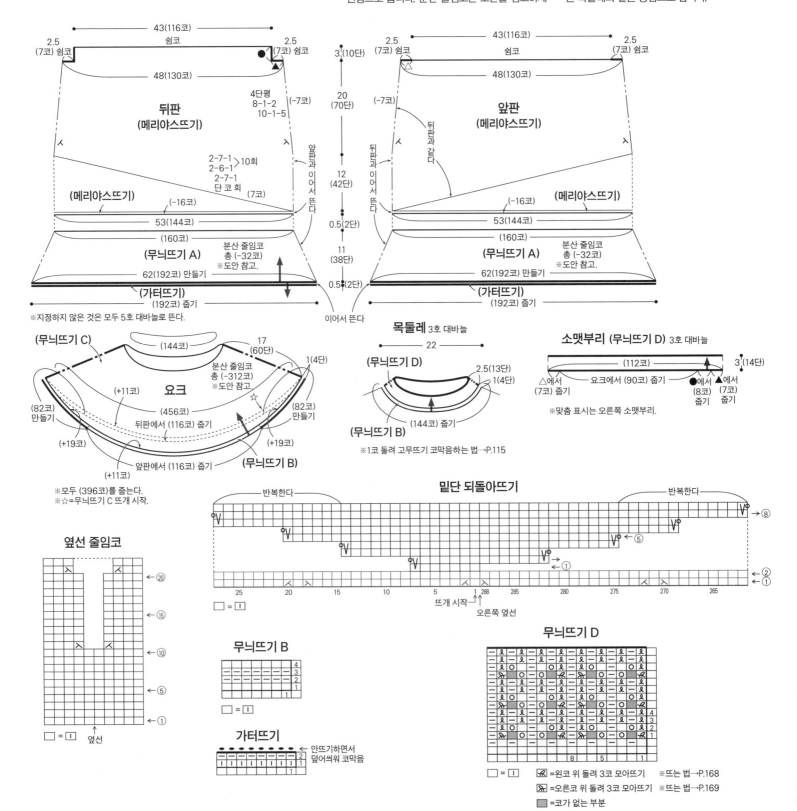

무늬뜨기 A와 분산 줄임코

메리야스뜨기

← ① (-32코) (288코)
← 38
← 37
← 35
← 30
← 25
← 20
← 15 (-64코) (320코)
← 10
← 5
← ① (384코)

☐ = ☐
■ = 코가 없는 부분

24　20　15　10　5　1　오른쪽 옆선
반복한다　뜨개 시작

☐⋏－⋏☐ 뜨는 법

  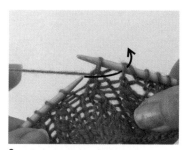 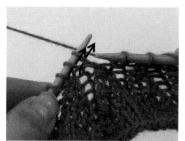

1 걸기코를 한다. 첫 코는 화살표처럼 바늘을 넣어서 뜨지 않고 오른바늘로 옮긴다.

2 다음 2코에 화살표처럼 바늘을 넣고 2코를 한꺼번에 뜬다.

3 오른바늘로 옮긴 코에 왼바늘을 넣어서 뜬 코에 덮어씌운다.

4 안뜨기를 1코 한다. 다음 2코에 화살표처럼 바늘을 넣어 오른바늘로 옮긴다.

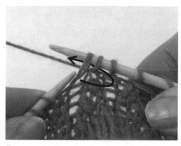  

5 옮긴 2코에 화살표 방향으로 바늘을 넣어 왼바늘로 다시 옮긴다.

6 다시 옮긴 2코와 다음 코에 화살표 방향으로 바늘을 넣어 3코를 함께 뜬다.

7 뜬 모습. 왼코 위 3코 모아뜨기도 가운데 코가 가장 바깥쪽에 오게 된다. 계속해서 걸기코를 한다.

3단 끌어올려 3코 구슬뜨기

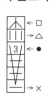  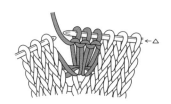 

1 3단 아래 ×기호 단의 코에 화살표처럼 오른바늘을 넣고 걸뜨기의 길이에 맞춰서 뜬다.

2 걸기코를 하고 같은 코에 바늘을 넣어서 걸뜨기한 다음 왼바늘의 코를 빼서 푼다.

3 다음 단은 안면에서 안뜨기를 한다.

4 ☐기호 단에서 이 3코에 중심 3코 모아뜨기하면 완성이다.

168페이지로 이어집니다. ▶

▶ 167페이지에서 이어집니다.

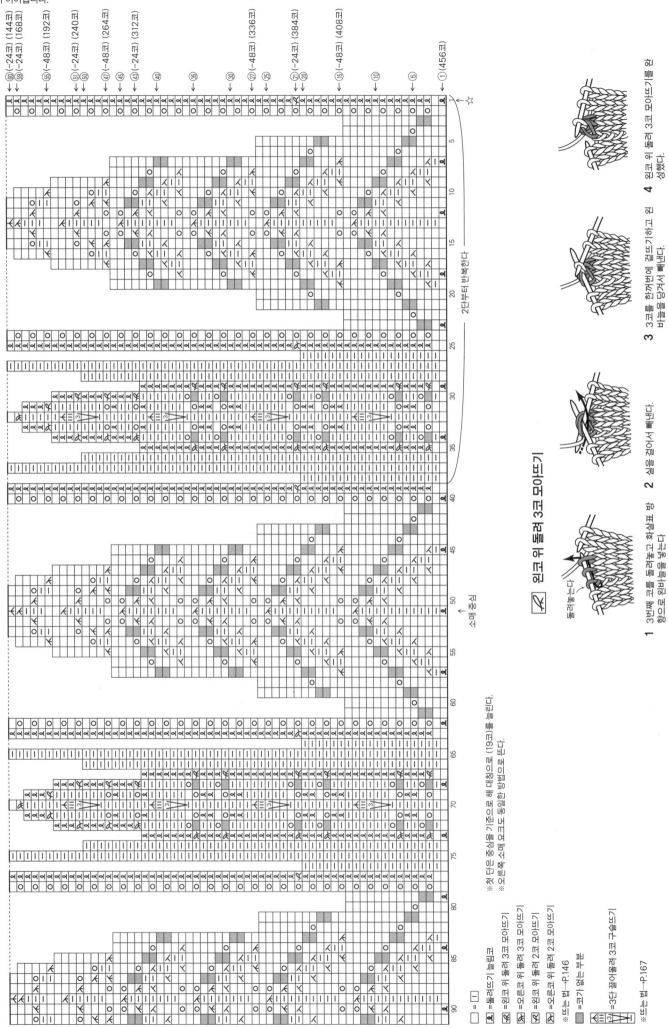

무늬뜨기 C와 분산 줄임코 (왼쪽 소매 요크)

2단부터 반복한다

← 소매 중심

※ 첫 단은 중심실을 기준으로 해 대칭으로 (19코)를 늘린다.
※ 오른쪽 소매 요크도 동일한 방법으로 뜬다.

□ = □ =돌려뜨기 늘림코
ㅅ =왼코 위 돌려 3코 모아뜨기
ㅅ =오른코 위 돌려 3코 모아뜨기
ㅅ =왼코 위 돌려 2코 모아뜨기
ㅅ =오른코 위 돌려 2코 모아뜨기
※뜨는 법→P.146
= 코가 없는 부분
= 3코 모아뜨기 3코 구슬뜨기
※뜨는 법→P.167

왼코 위 돌려 3코 모아뜨기

1 3번째 코를 돌려놓고 화살표 방
향으로 오른코로 왼바늘을 넣는다

2 실을 걸어서 빼낸다.

3 3코를 한꺼번에 겹뜨기하고 왼
바늘을 당겨서 빼낸다.

4 왼코 위 돌려 3코 모아뜨기를 완
성했다.

코수 표기:
⑤⑨ (-24코) (144코)
⑤⑨ (-24코) (168코)
⑤⑤ (-48코) (192코)
⑤① (-24코) (240코)
⑤⓪ (-48코) (264코)
④⑦ (-24코) (312코)
④⑤
④③
④⓪
③⑤
③⓪
②⑦ (-48코) (336코)
②⑤
②① (-24코) (384코)
②⓪ (-48코) (408코)
⑮ (-48코)
⑩ (-24코)
⑤
① (456코)

무늬뜨기 C와 분산 줄임코 (앞면 요크)

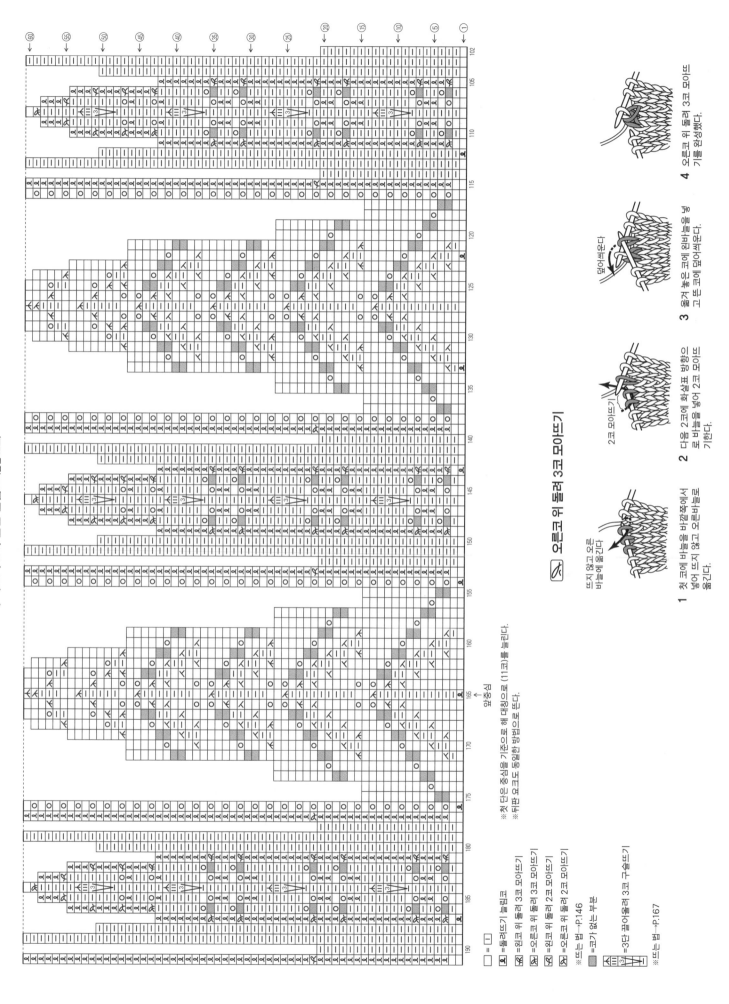

□ = □

☒ =돌려뜨기 늘림코
☒ =왼코 위 돌려 3코 모아뜨기
☒ =오른코 위 돌려 3코 모아뜨기
☒ =왼코 위 돌려 2코 모아뜨기
☒ =오른코 위 돌려 2코 모아뜨기
※코는 뜸→P.146
⬚ =코가 없는 부분
⟨≡⟩ =3단 코아올려 3코 구슬뜨기
※뜨는 법→P.167

※첫 단은 중심을 기준으로 해 대칭으로 (11코)를 늘린다.
※위쪽 요크도 동일한 방법으로 뜬다.

앞중심
앞중심

오른코 위 돌려 3코 모아뜨기

1 첫 코에 바늘을 바깥쪽에서
넣어 뜨지 않고 오른바늘로
옮긴다.

뜨지 않고 오른
바늘에 옮긴다

2 다음 2코에 화살표 방향으
로 바늘을 넣어 2코 모아뜨
기한다.

2코 모아뜨기

3 옮겨 놓은 코에 왼바늘을 넣
고 뜬 코에 덮어씌운다.

덮어씌운다

4 오른코 위 돌려 3코 모아뜨
기를 완성했다.

169

카놀라

페투치네

페투치네 멀티

재료
실…K's K 카놀라 파랑(158) 115g 3볼, 노랑(105) 55g 2볼
실…페투치네 멀티 노랑·초록·보라 계열 그러데이션(104) 55g 2볼, 회색·갈색·검정 계열 그러데이션(112) 40g 1볼
실…페투치네 차콜그레이(001) 30g 1볼
실…DMC 25번 자수실(라이트 이펙트실) 실버(E168), 하늘색(E334), 노랑(E703), 흰색(E5200) 각 1볼
단추…지름 13mm×8개
스냅 단추…지름 8mm×1개
도구
대바늘 6호·4호, 코바늘 4/0호
완성 크기
가슴둘레 110cm, 어깨너비 48cm, 기장 49cm, 소매 길이 22cm

게이지(10cm×10cm)
줄무늬 무늬뜨기 19.5코×27단
POINT
● 몸판·소매…별도 사슬로 만드는 기초코로 뜨기 시작해서 줄무늬 무늬뜨기를 합니다. 줄임코는 2코부터는 덮어씌우기, 첫 코는 가장자리 1코 세워 줄임코합니다. 늘림코는 1코 안쪽에서 돌려뜨기 늘림코를 합니다. 밑단·소맷부리는 기초코 사슬을 풀어서 코를 줍고 2코 고무뜨기를 합니다. 뜨개 끝은 2코 고무뜨기 코막음합니다.
● 마무리…어깨는 덮어씌워 잇기, 옆선, 소매 밑선은 떠서 꿰매기합니다. 앞단과 목둘레는 지정 콧수만큼 주워 2코 고무뜨기합니다. 오른쪽 앞단에서는 단춧구멍을 냅니다. 뜨개 끝은 밑단과 같은 방법으로 합니다. 모티브 뜨기는 도안을 참고해 몸판에 답니다. 소매는 빼뜨기 꿰매기로 몸판과 연결합니다. 단추와 스냅 단추를 달아서 완성합니다.

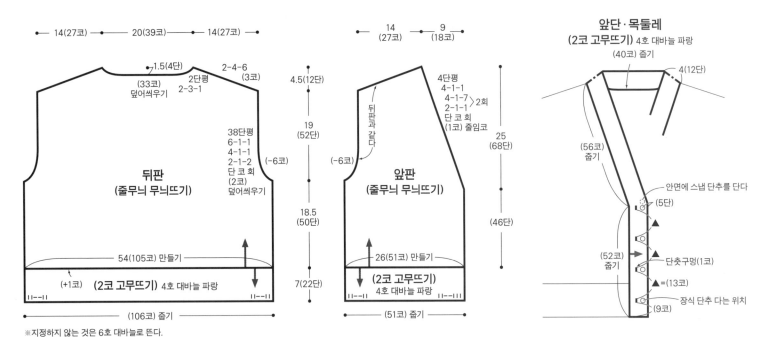

뒤판
(줄무늬 무늬뜨기)
14(27코) — 20(39코) — 14(27코)
•1.5(4단)
(33코) 덮어씌우기
2-4-6 (3회)
2단평 2-3-1
38단평 6-1-1 4-1-1 2-1-2 단 코 회 (2코) 덮어씌우기
(-6코)
4.5(12단)
19(52단)
18.5(50단)
54(105코) 만들기
(+1코) **(2코 고무뜨기)** 4호 대바늘 파랑
7(22단)
(106코) 줍기

앞판
(줄무늬 무늬뜨기)
14(27코) — 9(18코)
뒤판과 같다
4단평 4-1-1 4-1-7 }2회 2-1-1 단 코 회 (1코) 줄임코
(-6코)
25(68단)
(46단)
26(51코) 만들기
(2코 고무뜨기) 4호 대바늘 파랑
(51코) 줍기

앞단·목둘레
(2코 고무뜨기) 4호 대바늘 파랑
(40코) 줍기
4(12단)
(56코) 줍기
안면에 스냅 단추를 단다
(5단)
(52코) 줍기
단춧구멍(1코)
▲=(13코)
장식 단추 다는 위치
(9코)

※지정하지 않는 것은 6호 대바늘로 뜬다.

소매
(줄무늬 무늬뜨기)
(21코) 덮어씌우기
2단평 2-3-1 2-2-3 2-1-3 2-2-6 (2코) 덮어씌우기
(-26코)
37(73코)
34(67코) 만들기
(+3코)
4단평 4-1-1 6-1-2 단 코 회
(-9코)(2코 고무뜨기) 4호 대바늘 파랑
10.5(28단)
7.5(20단)
4(12단)
(58코) 줍기

2코 고무뜨기
2
1
4 3 2 1
← 왼쪽 앞판, 앞단
뒤판, 오른쪽 앞판, 소매
뜨개 시작
□ = ①

줄무늬 무늬뜨기

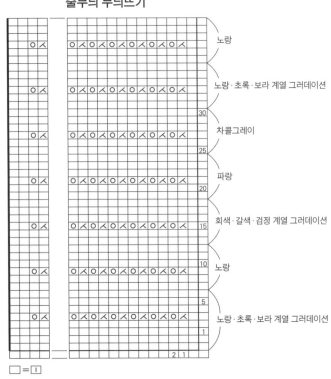

노랑
노랑·초록·보라 계열 그러데이션
30
차콜그레이
25
파랑
20
회색·갈색·검정 계열 그러데이션
15
노랑
10
노랑·초록·보라 계열 그러데이션
5
1
2 1
□ = ①

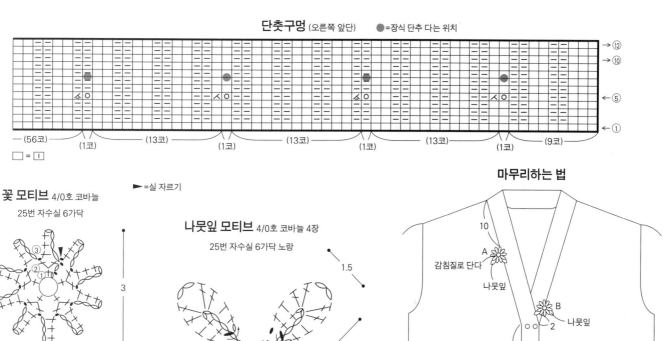

単추구멍 (오른쪽 앞단)　●=장식 단추 다는 위치

— (56코) —　(1코)　— (13코) —　(1코)　— (13코) —　(1코)　— (13코) —　(1코)　— (9코) —

□ = □

꽃 모티브 4/0호 코바늘
25번 자수실 6가닥

►=실 자르기

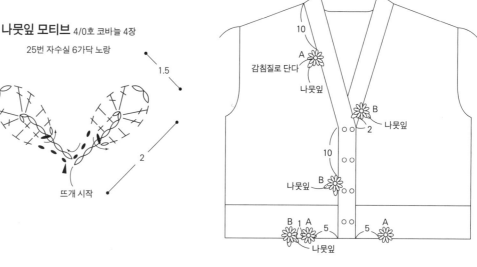

나뭇잎 모티브 4/0호 코바늘 4장
25번 자수실 6가닥 노랑

1.5

2

뜨개 시작

꽃 모티브 배색과 장수

구분	1·2단	3단	장수
A	실버	흰색	3장
B	실버	하늘색	3장

마무리하는 법

10

A

감침질로 단다

나뭇잎

B

나뭇잎

2

10

나뭇잎

B

B A

5

5

A

나뭇잎

▶ 174페이지에서 이어집니다.

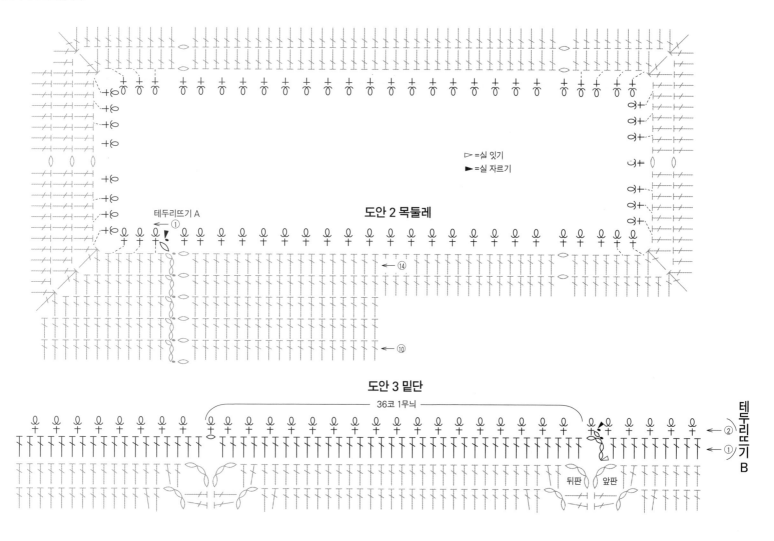

▷=실 잇기
►=실 자르기

도안 2 목둘레

테두리뜨기 A

←⑭

←⑩

도안 3 밑단

— 36코 1무늬 —

←②

←①

테두리뜨기 B

뒤판　앞판

카펠리니

페투치네 멀티

재료
실…K's K 카펠리니 검은색(7) 350g 7볼, 남색(3) 35g 1볼
실…페투치네 멀티 초록·하늘색·오렌지 계열 그러데이션(105) 50g 2볼
도구
코바늘 4/0호
완성 크기
가슴둘레 90cm, 기장 46.5cm, 화장 53cm
게이지(10×10cm)
모티브 1변 15cm, 무늬뜨기 23코×12단

POINT
● 몸판·소매…모티브를 지정 장수만큼 뜨고 반 코 감아 잇기로 연결합니다. 요크는 모티브에서 지정 콧수만큼 주워 무늬뜨기를 원형뜨기합니다. 계속해서 목둘레에 테두리뜨기 A를 하는데 바늘을 돌려서 짧은뜨기 코가 빽빽해지지 않도록 코다리를 느슨하게 뜹니다.
● 마무리…지정 콧수만큼 주워서 밑단은 테두리뜨기 B, 소맷부리는 테두리뜨기 A를 원형뜨기합니다.

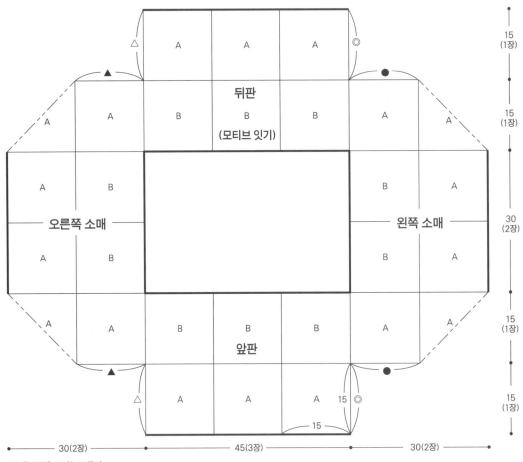

※모두 4/0호 코바늘로 뜬다.
※지정하지 않은 것은 모두 검은색으로 뜬다.
※모티브끼리, 맞춤 표시(◎, ●, △, ▲)끼리는 검은색으로 반 코 감아 잇기를 한다.

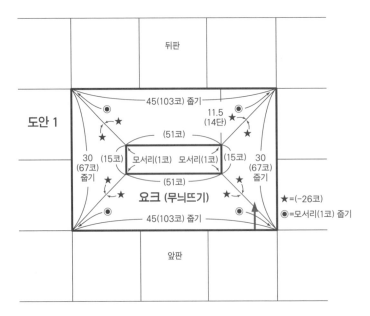

모티브

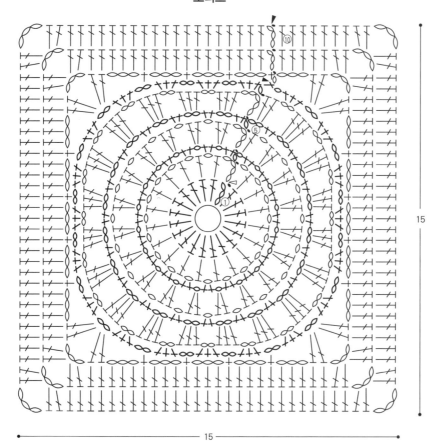

15

15

도안 4 소맷부리

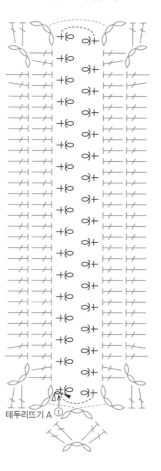

테두리뜨기 A ①

▷ =실 잇기
► =실 자르기

모티브 배색

구분	1단	2단	3단	4단	5단	6단	7단	8~10단	장수
A	그러데이션	검은색	그러데이션	검은색	그러데이션	검은색	그러데이션	검은색	16장
B	남색	검은색	남색	검은색	남색	검은색	남색	검은색	10장

목둘레 (테두리뜨기 A)

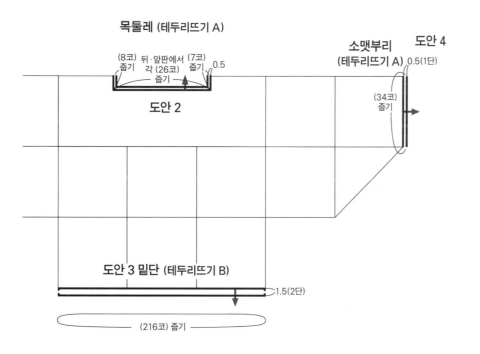

(8코)
줄기   뒤·앞판에서 (7코)
각 (26코)   줄기   0.5
줄기

도안 2

소맷부리
(테두리뜨기 A)   도안 4   0.5(1단)

(34코)
줄기

도안 3 밑단 (테두리뜨기 B)

1.5(2단)

(216코) 줄기

테두리뜨기 A (목둘레)

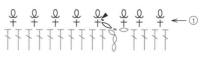

← ①

ℚ =바늘 돌려서 짧은뜨기

※ 뜨는 법→P.174
※ 바늘 돌려서 짧은뜨기는 한길 긴뜨기 코와
코 사이에 바늘을 넣어 뜬다.

174페이지로 이어집니다. ▶

▶ 173페이지에서 이어집니다.

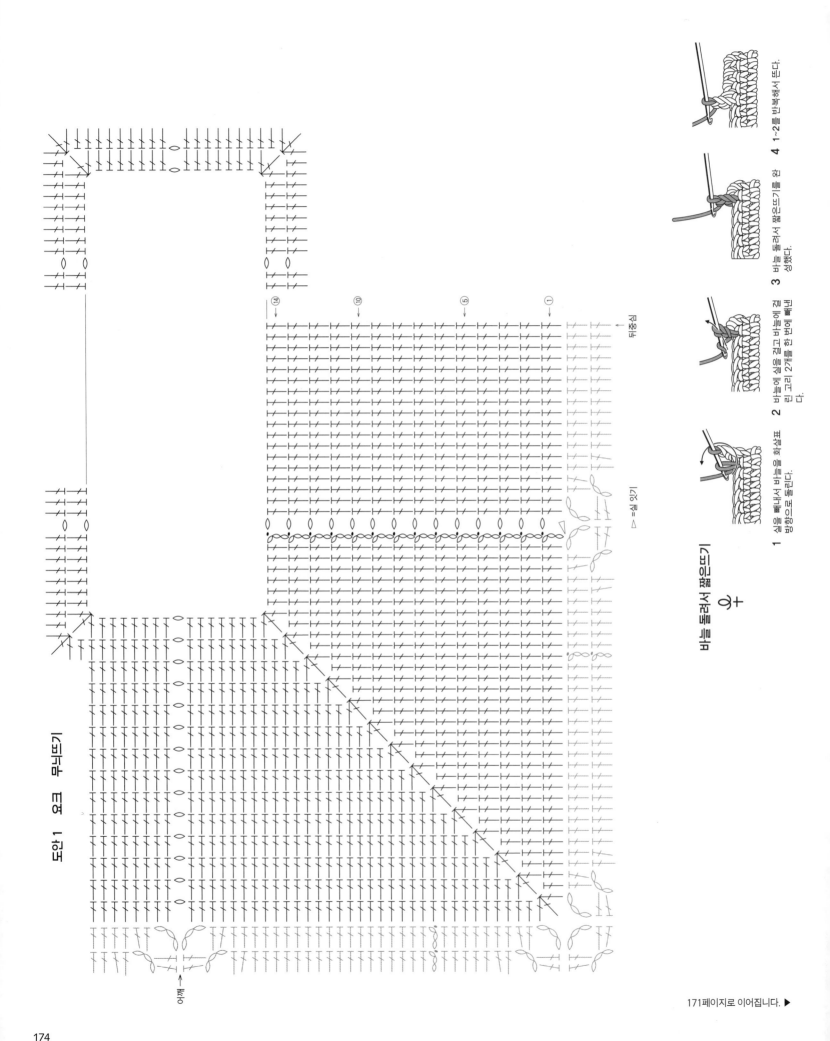

171페이지로 이어집니다. ▶

재료
리치모어 바르셀로나 황록색 계열 믹스(2) 235g
6볼
도구
아미무메모(6.5mm)
완성 크기
가슴둘레 96cm, 기장 50.5cm, 화장 28cm
게이지(10×10cm)
메리야스뜨기, 무늬뜨기 A·B·C 18.5코×21.5단
POINT
● 몸판…1코 고무뜨기를 기초코로 뜨기 시작해
서 뒤판은 1코 고무뜨기와 메리야스뜨기, 앞판은

1코 고무뜨기, 메리야스뜨기, 무늬뜨기 A·B·C를
합니다. 무늬 뜨는 법은 90페이지를 참고하세요.
뒤판의 뜨개 마무리는 어깨와 목 트임을 각각 버림
실 뜨기를 해 수편기에서 빼냅니다. 앞목둘레는 줄
임코합니다.
● 마무리…목둘레, 소맷부리는 몸판과 같은 방법
으로 뜨기 시작해서 1코 고무뜨기합니다. 오른쪽
어깨는 기계 잇기합니다. 목둘레는 기계 잇기로 몸
판과 연결합니다. 왼쪽 어깨는 기계 잇기를 합니
다. 소맷부리는 목둘레와 같은 방법으로 몸판과 연
결합니다. 옆선, 목둘레 옆선, 소맷부리 밑선은 떠
서 꿰매기를 합니다.

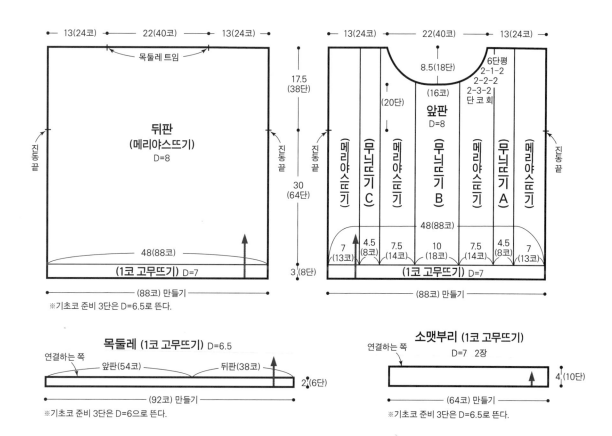

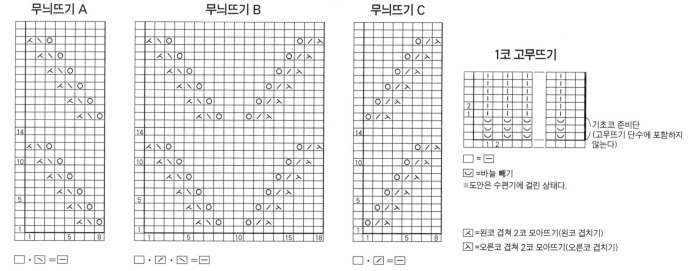

무늬뜨기 A

□ · ⊡ =⊡

※도안은 수편기에 걸린 상태다.

무늬뜨기 B

□ · ⟋ · ⊡ =⊡

무늬뜨기 C

□ · ⟋ =⊡

1코 고무뜨기

기초코 준비단
(고무뜨기 단수에 포함하지
않는다)

□ = ⊡
⌣ =바늘 빼기
※도안은 수편기에 걸린 상태다.

⟋ =왼코 겹쳐 2코 모아뜨기(왼코 겹치기)
⟍ =오른코 겹쳐 2코 모아뜨기(오른코 겹치기)

다이아 코스타 노바

재료
다이아몬드케이토 다이아 코스타 노바 연파랑·연
보라 계열 그러데이션(721) 220g 6볼
도구
아미무메모(6.5mm), 코바늘 4/0호
완성 크기
가슴둘레 96cm, 어깨너비 40cm, 기장 53.5cm,
소매 길이 24.5cm
게이지(10×10cm)
무늬뜨기 B·D 21코×28단
POINT
● 몸판·소매…버림실 뜨기 기초코로 뜨기 시
작해서 몸판은 무늬뜨기 A·B, 소매는 무늬뜨기

C·D를 합니다. 무늬 뜨는 법은 100페이지를 참고
하세요. 진동둘레, 앞목둘레, 소매산은 줄임코를,
소매 밑선은 늘림코를 합니다. 뒤판의 뜨개 마무리
는 어깨와 목트임을 각각 버림실 뜨기해 수편기에
서 빼냅니다.
● 마무리…목둘레는 몸판과 같은 방법으로 뜨기
시작해 무늬뜨기 E를 합니다. 오른쪽 어깨는 기계
잇기를 합니다. 목둘레는 기계 잇기로 몸판과 연결
합니다. 왼쪽 어깨는 기계 잇기를 합니다. 옆선, 소
매 밑선, 목둘레 옆선은 떠서 꿰매기합니다. 밑단,
소맷부리는 테두리뜨기를 원형뜨기합니다. 소매
는 빼뜨기 꿰매기로 몸통과 연결합니다.

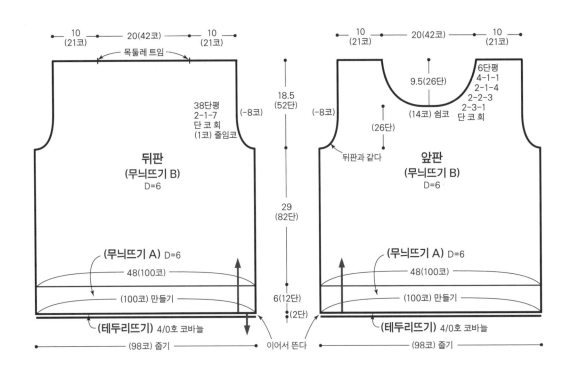

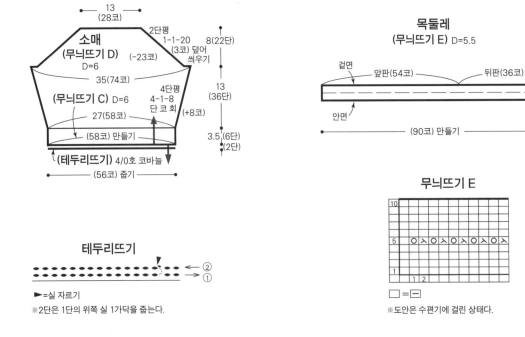

무늬뜨기 A·B

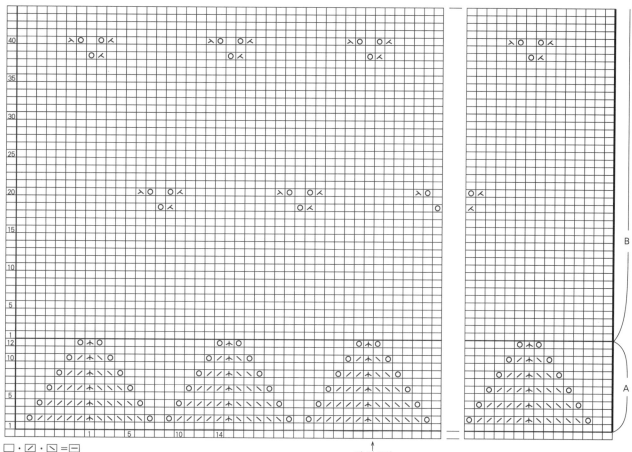

□·☑·☒ =⊟
⊞=중심 3코 모아뜨기(좌우 코 겹치기)
☒=왼코 겹쳐 2코 모아뜨기(왼코 겹치기)
☒=오른코 겹쳐 2코 모아뜨기(오른코 겹치기)
※도안은 수편기에 걸린 상태다.

뒤·앞 중심

무늬뜨기 C·D

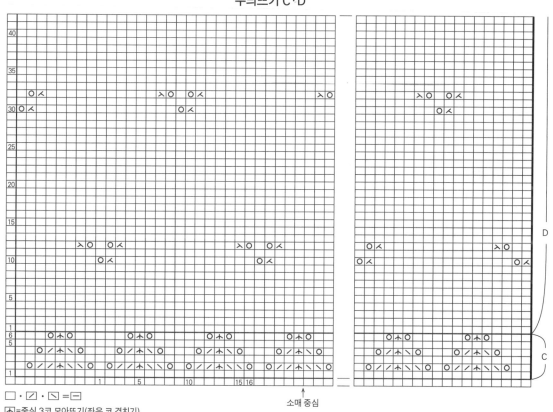

□·☑·☒ =⊟
⊞=중심 3코 모아뜨기(좌우 코 겹치기)
☒=왼코 겹쳐 2코 모아뜨기(왼코 겹치기)
☒=오른코 겹쳐 2코 모아뜨기(오른코 겹치기)
※도안은 수편기에 걸린 상태다.

소매 중심

목도리
(모티브 잇기)
8/0호 코바늘

22	21
20	19
18	17
16	15
14	13
12	11
10	9
8	7
6	5
4	3
2	1

99
(11장)

9
9

← 18(2장) →

모티브 잇는 법

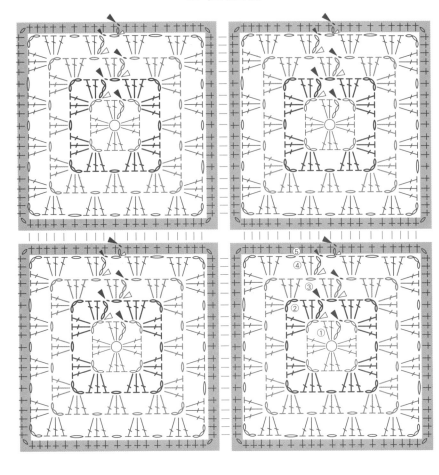

●67페이지 작품

무릎담요 (연속 모티브) 4/0호 코바늘

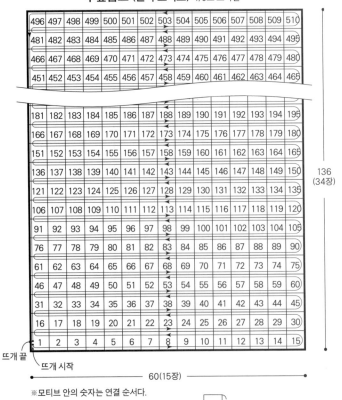

496	497	498	499	500	501	502	503	504	505	506	507	508	509	510
481	482	483	484	485	486	487	488	489	490	491	492	493	494	495
466	467	468	469	470	471	472	473	474	475	476	477	478	479	480
451	452	453	454	455	456	457	458	459	460	461	462	463	464	465
181	182	183	184	185	186	187	188	189	190	191	192	193	194	195
166	167	168	169	170	171	172	173	174	175	176	177	178	179	180
151	152	153	154	155	156	157	158	159	160	161	162	163	164	165
136	137	138	139	140	141	142	143	144	145	146	147	148	149	150
121	122	123	124	125	126	127	128	129	130	131	132	133	134	135
106	107	108	109	110	111	112	113	114	115	116	117	118	119	120
91	92	93	94	95	96	97	98	99	100	101	102	103	104	105
76	77	78	79	80	81	82	83	84	85	86	87	88	89	90
61	62	63	64	65	66	67	68	69	70	71	72	73	74	75
46	47	48	49	50	51	52	53	54	55	56	57	58	59	60
31	32	33	34	35	36	37	38	39	40	41	42	43	44	45
16	17	18	19	20	21	22	23	24	25	26	27	28	29	30
1	2	3	4	5	6	7	8	9	10	11	12	13	14	15

136
(34장)

뜨개 끝
뜨개 시작

← 60(15장) →

※모티브 안의 숫자는 연결 순서다.

4
4

모티브 1단 510장

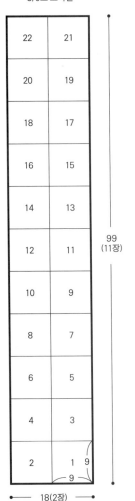

▷ =실 잇기
► =실 자르기

모티브 잇는 법

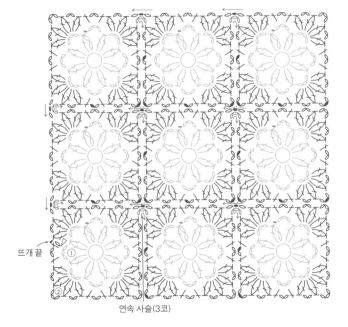

뜨개 끝

연속 사슬(3코)

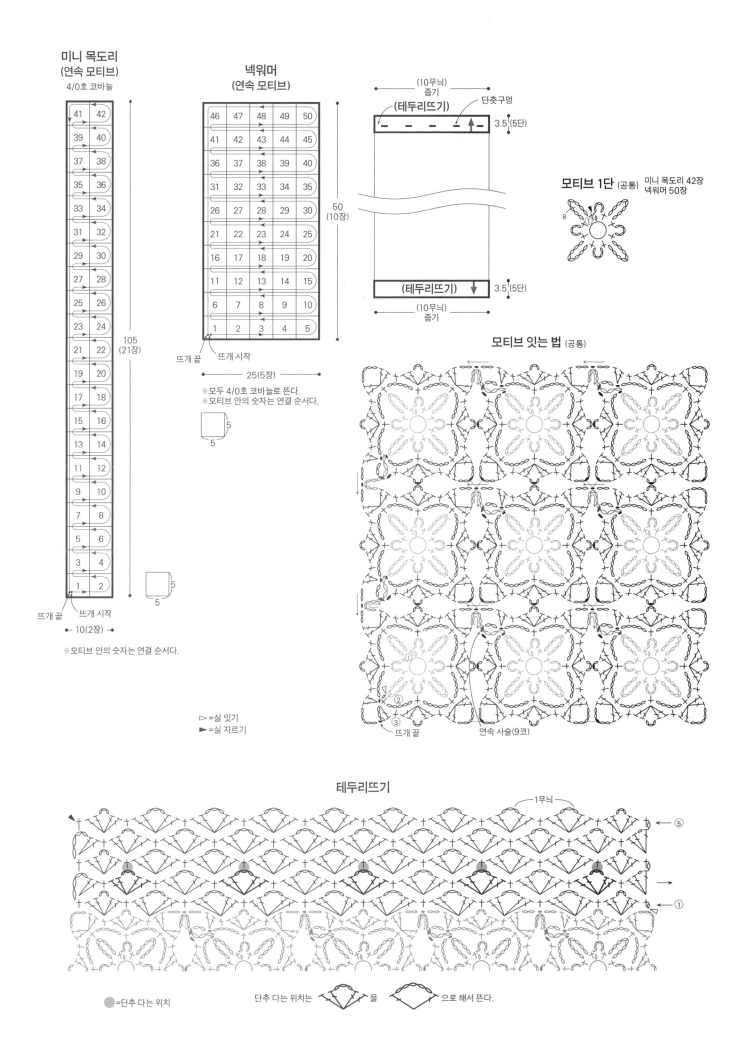

미니 목도리
(연속 모티브)

4/0호 코바늘

41	42
39	40
37	38
35	36
33	34
31	32
29	30
27	28
25	26
23	24
21	22
19	20
17	18
15	16
13	14
11	12
9	10
7	8
5	6
3	4
1	2

105
(21장)

뜨개 끝 　뜨개 시작

◀ 10(2장) ▶

※모티브 안의 숫자는 연결 순서다.

넥워머
(연속 모티브)

46	47	48	49	50
41	42	43	44	45
36	37	38	39	40
31	32	33	34	35
26	27	28	29	30
21	22	23	24	25
16	17	18	19	20
11	12	13	14	15
6	7	8	9	10
1	2	3	4	5

50
(10장)

뜨개 끝 　뜨개 시작

25(5장)

※ 모두 4/0호 코바늘로 뜬다.
※ 모티브 안의 숫자는 연결 순서다.

5 / 5

(10무늬)
줄기

(테두리뜨기)
단춧구멍

3.5 (5단)

50
(10장)

(테두리뜨기)
3.5 (5단)

(10무늬)
줄기

모티브 1단 (공통)
미니 목도리 42장
넥워머 50장

8

모티브 잇는 법 (공통)

① ② ③
뜨개 끝
연속 사슬(9코)

▷=실 잇기
►=실 자르기

테두리뜨기

1무늬
⑤
①

●=단추 다는 위치

단추 다는 위치는 　　　을 　　　으로 해서 뜬다.

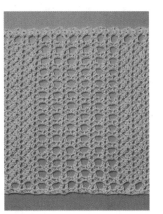

재료
코튼 브리즈(코튼 100%) 200g

도구
모사용 코바늘 5/0호

완성 크기
가로 120cm, 세로 37cm

POINT
브리즈 레이스 커튼은 커튼 집게를 사용하여 거는 방식의 커튼입니다(커튼 집게를 사용하지 않고 커튼 본체 1단에 레이스 커튼봉을 끼워 사용할 수도 있습니다). 커튼 시작코를 쉽고 빨리 만들 수 있게 디자인한 것이 이 도안의 특징입니다. 커튼의 가로 길이는 도안대로 만들되 세로 길이는 공간의 크기

와 용도에 따라 길이를 쉽게 조절할 수 있습니다.

1. 커튼 시작단 만들기
① 커튼을 걸었을 때 맨 윗단 즉 커튼 집게로 거는 부분입니다.
② 1단부터 72단까지 도안대로 뜹니다.

2. 커튼 본체 만들기
① 커튼 시작단에서 실을 끊지 않고 그대로 1단부터 28단까지 뜹니다.
② 이때 무늬뜨기A와 무늬뜨기B를 번갈아가며 도면을 참고하여 완성합니다.

3. 긴 커튼(세로 202cm)을 만들려면 커튼 본체 도안 1단~28단(35cm)까지 뜬 다음 3단~28단(33cm)을 5번 반복하세요.

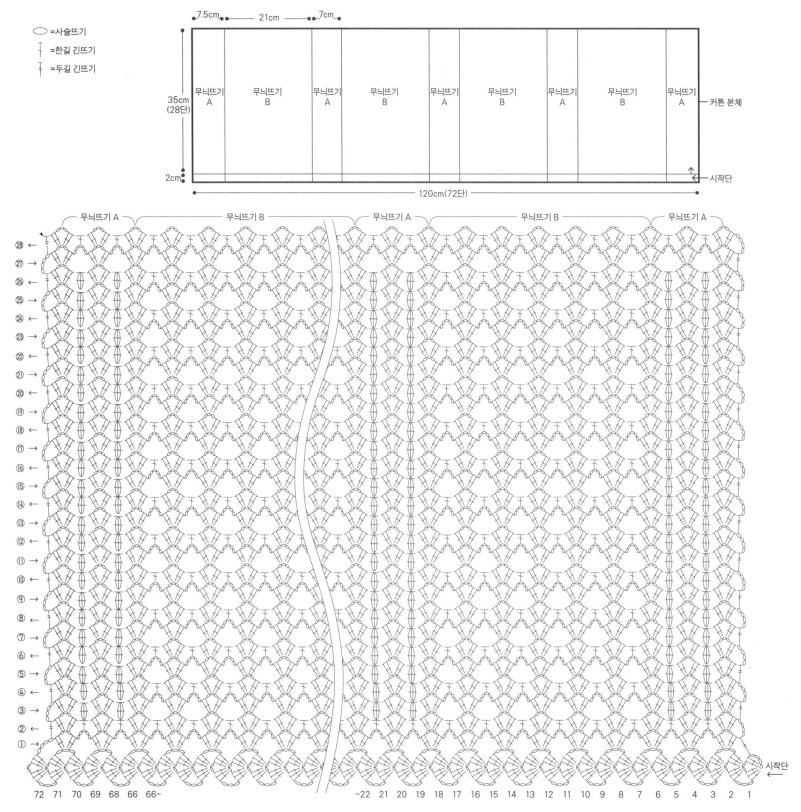

데이지 모티브 조끼
41 page
오가닉 코튼

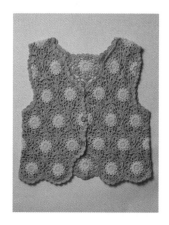

재료
오가닉 코튼 6~7볼
도구
모사용 코바늘 3/0호
완성 크기
성인 M 사이즈 가슴둘레 93~95cm
게이지
모티브 1장 9.3~9.5cm
게이지 확인 후 사이즈에 맞게 텐션을 조절해주세요.

POINT
1. 도안을 보고 A 40장, B 6장, C 3장을 꽃잎까지 떠서 준비합니다.
2. 바탕색 마지막 단을 뜨면서 빼뜨기로 연결합니다.
3. 도면을 참고하여 모티브를 배치해서 연결해주세요.
4. 모티브에 짧은뜨기 부분에 테두리 무늬를 떠주세요.

○ =사슬뜨기
● =빼뜨기
× =짧은뜨기
† =한길 긴뜨기
⇽ =사슬 1, 빼뜨기, 사슬 1로 잇기
⇽● =빼뜨기로 잇기

에징 무늬

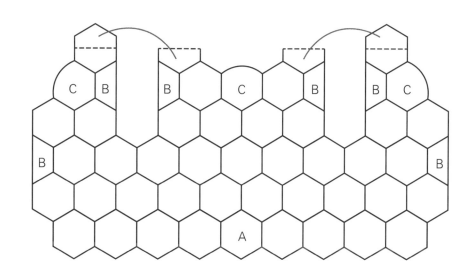

모티브 A

모티브 C

목둘레 부분에서
곡선을 완만하게 하기 위해
마지막 단 꽃잎 하나를 빼고
사슬 3, 짧은뜨기를 합니다

모티브 B

단색일 경우, 도안의 기둥코 방향과
관계 없이 실을 자르지 않고
편물을 뒤집어가며 다음 단을 뜹니다

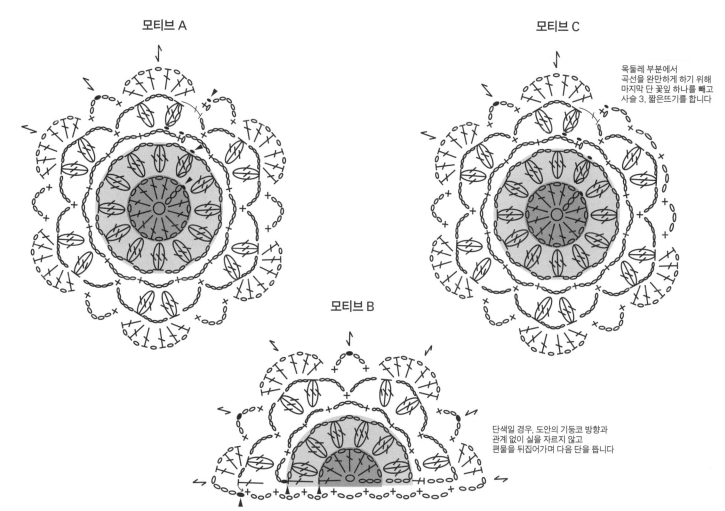

광고 문의 070-4678-7118

털실타래 Vol.4 2023년 여름호

1판 1쇄 인쇄 2023년 6월 14일
1판 1쇄 발행 2023년 6월 22일

지은이 (주)일본보그사
옮긴이 강수현, 김수연, 남가영, 배혜영
펴낸이 김기옥

실용본부장 박재성
편집 실용2팀 이나리, 장윤선
마케터 이지수
판매 전략 김선주
지원 고광현, 김형식, 임민진

한국어판 기사 취재 정인경(inn스튜디오)
한국어판 사진 촬영 김태훈(TH studio)
도안 협력 양선영(레이첼), 김진아(니들코티지)
취재 협력 신은영(니팅쌤), 낙양모사

본문 디자인 푸른나무디자인
표지 디자인 형태와내용사이
인쇄·제본 민언프린텍

펴낸곳 한스미디어(한즈미디어(주))
주소 121-839 서울시 마포구 양화로 11길 13(서교동, 강원빌딩 5층)
전화 02-707-0337 | **팩스** 02-707-0198 | **홈페이지** www.hansmedia.com
출판신고번호 제 313-2003-227호 | **신고일자** 2003년 6월 25일

ISBN 979-11-6007-933-3 13590

책값은 뒤표지에 있습니다.
잘못 만들어진 책은 구입하신 서점에서 교환해드립니다.